增强人类：技术如何塑造新的现实

Helen Papagiannis 著

肖然 王晓雷 译

Beijing · Boston · Farnham · Sebastopol · Tokyo

O'Reilly Media, Inc. 授权机械工业出版社出版

机械工业出版社

图书在版编目（CIP）数据

增强人类：技术如何塑造新的现实 /（美）海伦·帕帕扬尼斯（Helen Papagiannis）著；肖然，王晓雷译 .—北京：机械工业出版社，2018.3

（O'Reilly 精品图书系列）

书名原文：Augmented Human: How Technology Is Shaping the New Reality

ISBN 978-7-111-59497-0

I. 增⋯ II. ① 海⋯ ② 肖⋯ ③ 王⋯ III. 虚拟现实－普及读物

IV. TP391.98-49

中国版本图书馆 CIP 数据核字（2018）第 052627 号

北京市版权局著作权合同登记

图字：01-2017-7510 号

封底无防伪标均为盗版

本书法律顾问

北京大成律师事务所 韩光 / 邹晓东

书　　　名 / 增强人类：技术如何塑造新的现实

书　　　号 / ISBN 978-7-111-59497-0

责任编辑 / 唐晓琳

封面设计 / Edie Freedman，张健

出版发行 / 机械工业出版社

地　　　址 / 北京市西城区百万庄大街 22 号（邮政编码 100037）

印　　　刷 / 北京诚信伟业印刷有限公司

开　　　本 / 147 毫米 ×210 毫米　32 开本　5.875 印张

版　　　次 / 2018 年 4 月第 1 版　2018 年 4 月第 1 次印刷

定　　　价 / 49.00 元（册）

凡购本书，如有缺页、倒页、脱页，由本社发行部调换

客服热线：(010)88379426；88361066

购书热线：(010)68326294；88379649；68995259

投稿热线：(010)88379604

读者信箱：hzit@hzbook.com

O'Reilly Media, Inc. 介绍

O'Reilly Media 通过图书、杂志、在线服务、调查研究和会议等方式传播创新知识。自 1978 年开始，O'Reilly 一直都是前沿发展的见证者和推动者。超级极客们正在开创着未来，而我们关注真正重要的技术趋势——通过放大那些"细微的信号"来刺激社会对新科技的应用。作为技术社区中活跃的参与者，O'Reilly 的发展充满了对创新的倡导、创造和发扬光大。

O'Reilly 为软件开发人员带来革命性的"动物书"；创建第一个商业网站（GNN）；组织了影响深远的开放源代码峰会，以至于开源软件运动以此命名；创立了 Make 杂志，从而成为 DIY 革命的主要先锋；公司一如既往地通过多种形式缔结信息与人的纽带。O'Reilly 的会议和峰会集聚了众多超级极客和高瞻远瞩的商业领袖，共同描绘出开创新产业的革命性思想。作为技术人士获取信息的选择，O'Reilly 现在还将先锋专家的知识传递给普通的计算机用户。无论是通过书籍出版，在线服务或者面授课程，每一项 O'Reilly 的产品都反映了公司不可动摇的理念——信息是激发创新的力量。

业界评论

"O'Reilly Radar 博客有口皆碑。"

——Wired

"O'Reilly 凭借一系列（真希望当初我也想到了）非凡想法建立了数百万美元的业务。"

——Business 2.0

"O'Reilly Conference 是聚集关键思想领袖的绝对典范。"

——CRN

"一本 O'Reilly 的书就代表一个有用、有前途、需要学习的主题。"

——Irish Times

"Tim 是位特立独行的商人，他不光放眼于最长远、最广阔的视野并且切实地按照 Yogi Berra 的建议去做了：'如果你在路上遇到岔路口，走小路（岔路）。'回顾过去 Tim 似乎每一次都选择了小路，而且有几次都是一闪即逝的机会，尽管大路也不错。"

——Linux Journal

本书赞誉

像作者一样，本书对人类的未来具有深刻的洞察力，鼓舞人心并且态度严谨，是你想象和创造新现实的指南。对于想要了解新方向和下一步未来的人来说，这是一本必读书籍。

——Soraya Darabi，企业家和投资者，Trailmix Ventures 公司创始人

本书全面概述了增强人类的已知不同方式，以及这些增强领域可用于创造新的沟通和讲故事的方式。本书揭开了这种新媒体的无限可能。

——Jody Medich，奇点大学实验室设计总监

这是我所见过的最全面、最实用的增强现实指南。我不仅学到了很多东西，而且将其应用到了工作中。

——Stefan Sagmeister，Sagmeister & Walsh 公司设计师兼联合创始人

译者序

翻译本书的过程中正好遇到父亲心脏出现问题，几经周折医生建议安装心脏起搏器。父亲心里很纠结，一台电子仪器植入体内或多或少让人感觉有些惶恐。于是利用本书安慰父亲说："你只是提前体验了未来，等翻译完了一定要让你看看更广阔的增强人类世界。"

虽然只是一句安慰父亲的话，但本书的确为我们展现了一个全新的世界，甚至定义了新一代结合智能技术的增强人类，这是在翻译本书之前始料未及的。翻译过程中不断查询作者引用的企业和产品，就像展开了一幅通向未来的画卷，经历了一次非常享受的想象力之旅。在另一位译者晓雷的提议下，我们在原书的基础上添加了很多图片，试图传递我们在这个过程中得到的启发和提示。也许本书的再版就会脱离纸面，通过各种感官技术带给各位读者身临其境的感受。

本书的另外一个重要贡献如前言所述，VR/AR技术本身已经日臻完善，但如何应用这些技术却是另外一个挑战。在这个科技时代我们经常会拿着各种新技术的"锤子"去找"钉子"，这种做法在科技时代之前带有很强的讽刺意味，经常会被导师用来教育那些知其然而不知其所以然的学生们。但随着第四次工业革命的到来，我们看到了类似AR这样的技术突破引领着人们对问题认知本身的改变。拿着锤子找钉子这样的做事方法被重新定义为用新技术去颠覆各行各业，这件事情正在我们身边随时发生着，以至于谈起新技术每个人都会有自己的感慨。

对于VR/AR技术，很多人预测将随着5G网络时代的到来而爆发，这也是我们最初选择翻译本书的原动力。但怎么爆发以及在什么地方爆发却不可能有人给出准确的答案。就这个爆发的问题，本书作者给出了非常有意义的见解，书名也从增强"现实"变成了增强"人类"。这意味着我们的关注点应该从技术本身转移到我们人类自身，从自身的感受和体验出发去寻找增强的机会点。采用增强现实技术的目标也应该是为人类提供更好的生活和体验，从这一点出发我们会发现一个很不一样的增强现实领域，它超越了简单意义上的视屏叠加，而是能够调动人类的听觉、味觉、触觉，甚至于情感的体验增强。

到这里，我们确实对作者关于增强体验设计是一门艺术的观点非常赞同。未来良好的增强人类应用很可能出自于艺术家的手中，就像身边的各类艺术作品一样，美化着我们的体验，成为我们生活的一部分。而艺术本身就是一种创作，最好的作品是来源于生活却高于生活的，这也是我们在考虑现实增强技术应用时所需要遵循的原则。从某种意义上讲，技术人员应该尝试着像艺术家一样去贴近生活，让技术服务于我们的生活，并创造更好的生活。

最后，这也是一本充满正能量的科普读物，相信大家读完后会少一点对新技术的恐惧，多一分对未来生活的向往。技术本身没有正邪之分，作为创造者和应用者的我们决定了技术的走向。读完此书，我们更加坚定技术会增强人类的生活体验。而翻译结束时父亲也开始揶揄自己是增强人类了。

肖然，技术工作者，持续学习者
2018 年 1 月 14 日 于成都

目录

序

当海伦告诉我她正在创作本书时，我自告奋勇地要（实际上是请求她让我）写序。那时，我还没有读过手稿，对她将要说什么几乎一无所知。然而，基于对海伦学术声誉和缜密思考习惯的了解，我知道她对增强现实这种新兴技术及其在增强人类中的应用的理解将会极有见地，甚至会发人深省。

迄今为止，已经有大批研究者在创造这一新媒介的探索途中付出了努力。多年来，增强现实（AR）往往被看作一个创新点，又或是一把可以拿出去找"钉子"的"锤子"。然而，并没有足够的呼声让它暴露在普罗大众的视野中，而这一点对于在这个领域获取更多的投资和关注至关重要，并将直接决定下一阶段的市场化和规模化应用。作为 AR 技术开发早期的所谓开拓者之一，这一"可耻"的荣誉给了我写这篇序的资格。

就我个人而言，这段旅程始于 52 年前，在作为赖特 - 帕特森空军基地的美国空军官员的时期，我曾为战斗机和其他军车设计过更好的驾驶舱。我的工作主要是帮助飞行员合理分配注意力，因为他们需要在高度紧张和危险的环境中操作复杂的系统。这个问题促使我对增强现实的方法进行了探索，以提高飞行员对现实世界的觉察。最初的想法是以虚拟图像的形式组织和描绘信息，并通过可穿戴头盔设备将信息投影和叠加到现实世界中。此后，我将这项工作扩展到了虚拟现实。

现在，AR 和 VR 技术终于成熟了（尽管花了比我想象中更长的时间），我作为一个工具制造者的角色即将谢幕。是时候把火炬交给海伦和她的同事们来做一些有用的事情了。建立一个新的媒介是一回事，但在这个媒介上传递信息是另一回事。最终，还是信息更为重要。

正如我预期的那样，帕帕扬尼斯博士出色地完成了这本权威著作。本书虽然简短，但冲击力巨大。她为我们奠定了基础，描述了增强现实及其各种模式的含义，设计了知识体系来帮助我们对应用进行分类，并向我们介绍了一系列的内容和应用（以及它们的开拓者）。她比我们想象的走得更远。在这一至关重要的时刻，海伦让我们认识到：AR并不像我们传统意义上理解的那样，它不仅仅是一个新的媒介，而是人类自身的增强。它并不会像电视、电影甚至是虚拟现实所带来的体验那样，把我们从现实世界中隔离出来，而是让技术与现实世界融合成一体，从而提升我们在整个混合体验中的感受。在这个层面上，她向我们展示了增强现实赋予人类的能力，我们需要扩展自身的思维和想象力，重新思考"增强"一词在未来对于人类的意义。

增强现实这一媒介所传递的信息往往会给我们带来许多新的自由度，如非线性叙事体验，又比如各种不遵守现实世界中物理法则的新型现实。正如海伦所解释的，我们需要打破那些限制我们在现实世界中进行理解和互动的旧原则。在她的设想中，当我们开始接受这些新的经验及其丰富内涵时，将会拥有更多的发现力、创造力和想象力，在未来的日子中逐渐找到成为增强人类的意义。虽然我们并不能确定她的预言是否会成真，但毫无疑问，这是为我们揭开人类增强史诗这一新篇章的基础，也是必不可少的试金石。

我特别欣赏海伦对艺术家（或她称为的"惊喜创作者"）这一角色的洞察力和敏感度，这将会是下一波创新的火花。据我所知，迄今为止没有一个组织或社区曾经踏足过这片天地。增强现实不仅是工程师和计算机科学家的领域，也同样是作家和艺术家的地盘。体验才是我们能够记住并终将改变我们的。希望技术（或者说类似于我的贡献）能够变得"不可见"，为人类的创作腾出更大的空间。

我从心底同意海伦在本书结束时的总结：我们需要共同努力，建设属于自己的文明，使用我们这个时代特有的工具来唤起人性，激发世界的积极变化。最后，让我们一起来回答这个问题：增强技术是否能够让我们的生活更美好？

汤姆·弗内斯，AR/VR 之父，虚拟世界协会的创始人
2017 年 7 月 16 日 于西雅图

前言

我为什么写这本书

12 年前，我第一次目睹了增强现实作为一种新的通信媒介的力量。这是一种纯粹的魔力：一个虚拟的三维立方体出现在我的物理环境中，我很惊讶。增强现实展示出的立方体在当时不是互动的（它除了出现以外没干别的），但是，它引发了我对 AR 如何发展和演变的想象。那一刻，我将自己接下来的创造性工作、研究和演讲奉献给了那些因为 AR 成为可能的新体验。

我写这本书是因为我开始目睹一个迫切需要转变关注点的 AR 领域，从专注于技术转向在 AR 中创造吸引人的内容和有意义的体验。本书就是关于探索那些创意点子和 AR 能够提供的非凡新现实的。现在是时候去梦想、设计和建造我们美好的未来了。

随着 AR 领域的发展，我们必须问：如何设计 AR 体验才能增强用户的生活，并使其更轻松和更美好呢？麻省理工学院媒体实验室创始人 Nicholas Negroponte 说："计算不再仅仅是计算机了，而是关于生活的一切。"AR 也不再只是关于技术，而是关于生活在现实世界中，创造以人为本的神奇而有意义的体验。本书的关注点是 AR 如何丰富我们的日常生活，并以前所未有的方式扩展着人类世界。

谁应该读这本书

一个全新的媒体出现并不常见。如果你是一个制造者、一个行动者，或者是一个对开拓一条崭新道路感到兴奋并希望为这个快速发展的行业做出贡献的探索者，你应该阅读这本书。作为一个理性的消费者，希望了解这方面的知识，以便窥视我们生活、工作和娱乐方式的新体验，你也应该读一读这本书。

你可以是一位设计师、一位开发者、一名企业家、一个学生、一位教育家、一位商界领袖、一名艺术家和一个技术爱好者，对 AR 提出的可能性充满好奇和兴奋。你致力于设计和支持新的 AR 体验，以深入人类的价值观，对改善人性状况产生深远影响。

阅读本书不需要有关 AR 的先验知识。为了充分利用本书的内容，建议读者亲身尝试 AR 体验（理想情况下多试几次），包括各章中提及的各种案例。

如何阅读本书

本书的组织结构如下：

第 1 章重新审视从 1997 年开始的 AR 的经典定义，扩展了 AR 今天和未来的变化，同时介绍了下一波 AR 技术，这些技术能够提供全新的空间理解和感官认知，从而创造出更具身临其境感、集成性和互动性的体验。

第 2 章探讨了计算机视觉如何为我们提供新的眼睛和视角，从艺术家装置到机器人和自动驾驶汽车，以帮助视力受损的人。

第 3 章介绍了触觉技术的研究和创新（触觉反馈），以便将我们所看到的与感受到的东西同步，并创造使用触感进行沟通的新方法。

除了将声音用于导航和旁白之外，第 4 章还探讨了增强音频和"可听式"设备（佩戴在耳朵中的可穿戴技术），这些方法可以改变你倾听周边环境声音的方式，甚至改变环境如何"听到"你的声音。

在第 5 章中，我们将了解数字嗅觉和数字味觉这个持续成长的研究、原型和产品设计领域，它可以增强我们共享和接收信息的方式，增强娱乐体验，加深我们对某个地方的理解，并影响我们的整体感受。

第 6 章介绍了 AR 如何通过创新来创造引人入胜的叙事体验，在创作的过程中关注我们习惯出现的主题和约定，并能够融入我们展示出的新兴风格和机制。

第 7 章讨论虚拟化身、智能代理、物品和材料如何成为活跃的情境变化因素：针对情境来学习、成长、预测和进化。

第 8 章探讨了增强身体的方式，从电子纺织品到嵌入身体的技术，以及大脑控制接口的方式。

第 9 章讨论了迄今为止的 10 个 AR 体验类别，目的是通过一种对人性提升的感慨和承诺，将 AR 发展的可能性延续到不久的将来甚至更远。

Safari 在线图书

Safari Books Online 针对企业、政府、教育机构和个人提供了不同的购买计划，你可根据实际需求进行选购。

用户可以访问上千种图书、培训视频、学习路径、互动教材和专业的播放列表，这些内容来自超过 250 个出版商，包括 O'Reilly Media、哈佛商业评论、Prentice Hall Professional、Addison-Wesley Professional、Microsoft Press、Sams、Que、Peachpit Press、Adobe、Focal Press、Cisco Press、John Wiley & Sons、Syngress、Morgan Kaufmann、IBM Redbooks、Packt、Adobe Press、FT Press、Apress、Manning、New Riders、McGraw-Hill、Jones & Bartlett 和 Course Technology 等。关于 Safari 在线图书的更多信息，请访问 *http://oreilly.com/safari*。

联系方式

美国：

O'Reilly Media，Inc.
1005 Gravenstein Highway North
Sebastopol，CA 95472

中国：

北京市西城区西直门南大街 2 号成铭大厦 C 座 807 室（100035）
奥莱利技术咨询（北京）有限公司

我们有个关于本书的网页，上面有勘误表，示例和所有的附加信息。可以通过以下链接访问：*http://bit.ly/augmented-human*。

关于本书的评论和技术问题，请发邮件给 *bookquestions@oreilly.com*。

关于本书的更多信息，如教程、会议、新闻，请参见网站：

http://www.oreilly.com
http://www.oreilly.com.cn

致谢

能够拥有一个友爱、支持、善良、耐心、激励和鼓舞人心的家庭是十分幸运的，这不仅在写作本书的过程中，而且在整个生命中都给我信心。我亲爱的爸爸妈妈，感谢你们慷慨给予的爱与关怀，你们不遗余力地致力于整个家庭的幸福与快乐。本书以及我所做的一切都是为了我的家人，我的内心充满了热爱和感激。

感谢 Caitlin Fisher 在我硕士和博士学位上的出色指导，并邀请我在 12 年前成为约克大学 AR 实验室的一员，这改变了我的生活！你让我睁开眼睛看到了 AR 的奇迹和魔力。对你，我是如此感恩。

我的编辑 Jeff Bleiel 提供了许多有益指导，你的耐心和热情对我帮助巨大，并让这次写作成为令人愉快的体验。没有 O'Reilly 的 Susan Conant 和 Laurel Ruma，这本书也只会是一个梦想。谢谢各位让它成为现实并相信我的工作。

特 别 感 谢 Tom Furness, Tom Emrich, Matt Miesnieks, Soraya Darabi, Stefan Sagmeister, Jody Medich, Al Maxwell, Jonah, Dan, Mary, Sophie, Tom, Fredelle 和 Martin。

同时感谢我的读者们，感谢你们选择这本书。我们有令人难以置信的机会和特权来设计未来；让我们抓住机会出色发挥。

第 1 章

新现实的浪潮

你即将进入一个崭新的现实。在这里，整个世界将会为你而变，按照你的喜好、需要和环境来展现。现实变的可塑、可变和高度个性化，甚至完全由你来定义和驱使。整个世界并不囿于语言的限制，一旦突破了沟通的障碍，我们可以创造全新的感知，人类的视觉、听觉、触觉、味觉都将拥有全新的体验。依赖于模拟信号的世界规则将不再适用，可穿戴电脑、传感器和智能系统将打破人类能力的界限——我们会拥有超能力。

这就是新的增强现实，你准备好了吗？

在这本书里，我将为你介绍增强现实（Augmented Reality，AR）技术，包括它是如何发展的，它会为我们带来怎样的机遇，以及它将来的发展趋势。我会引导你来到一个全新的维度，带你身临其境地感受这一媒介。然而，你却不需要离开你的物理世界——数字体验将进入你的世界。

请听我为诸君分解。

这本书的主题不是虚拟现实（Virtual Reality，VR），让我们先来理解一下虚拟现实和增强现实的区别。

在虚拟现实中，通常通过一套特殊设计的头盔来将我们的视线从物理世界隔离开来，完全依靠计算机生成的环境取代了我们对真实世界的感知。

SnowWorld 是第一个旨在减轻成年人和儿童疼痛的沉浸式 VR 世界，由 Hunter Hoffman 和 David Patterson 于 1996 年在华盛顿大学人机接口技术（HIT）实验室研发。SnowWorld 设计的初衷是帮助提升烧伤患者的伤口护理体验，华盛顿西雅图大学在《Virtual Reality Pain Reduction》[1] 中解释了 VR 技术是如何依靠分散病人在现实生活中的注意力来缓解疼痛的：

> 疼痛的感受需要占用注意力资源。VR 的本质是让用户产生置身于计算机生成的环境中的错觉。沉浸在另一个世界里占用了大部分的注意力资源，给处理疼痛信号留下的注意力资源就不多了。

虚拟现实技术依赖于幻觉，能够使人沉浸在另一个时空；一般来说，虚拟现实会让你从所在的现实世界中消失。而在增强现实中，你仍然置身于现实的物理世界中，虚拟信号依靠透明的数字眼镜、手机、平板、可穿戴设备等进入你的世界。你仍然可以看见并体验现实世界中的一切，所有的感官体验都将继续，只是它们现在变得可以通过数字化来增强和改变了。

AR 技术早期的一个成功案例叫作单词透镜（Word Lens）[注1]，见图 1-1。想象一下，当你在一个陌生的国家旅行时，你不会讲当地语言；如果没有其他人的帮助，在餐馆点菜或者阅读道路指示牌这种小事都将会是艰难的任务。现在我们有了单词透镜，当你用智能手机指向菜单的时候，菜单上印刷的外文文本便被自动翻译成你所选择的语言。毋庸置疑，你将会在这种技术的帮助下更顺利地融入当地环境，拥有更好的旅行体验。

虚拟现实（VR）有它擅长的领域，但增强现实（AR）将会使我们能够更深入地沉浸在真实的世界中，与现实世界无缝连接——而现实世界才是大部分人每天花费大多数时间的地方。与虚拟现实一样，我们必

注 1：这门技术由谷歌公司在 2014 年收购，并集成进了谷歌翻译应用当中，现在它支持 37 种语言（*http://bit.ly/2woMXwD*）。

须意识到，尽管它的设计并不会让使用者与周围的环境隔离开来，但是增强现实也会占用一部分注意力资源。我们必须认真思考如何将人类的体验置于这种新媒介的中心。我们不希望任何人在这些先进的设备中迷失，我们将会以人类的身份主导这场进步，技术将隐于幕后。

图 1-1：单词透镜的典型场景，能够将西班牙语文本实时翻译成英语 (https://youtu.be/h2OfQdYrHRs)

什么是增强现实

最常用的增强现实定义为真实世界之上的数字化叠加，由计算机图形、文本、视频和音频组成，并且可以与我们实时互动。AR 技术的体验方式包括配备有相应软件和相机的智能手机、平板电脑、计算机或 AR 眼镜。我们可以使用 AR 技术识别夜空中的星星和行星，或者深入探索具有交互式 AR 指南的博物馆展览，见图 1-2。增强现实技术为我们提供了机会，使得我们可以以前所未有的方式更好地了解和体验我们的世界。

自 1997 年以来，我们对 AR 技术的定义未曾改变，技术专家 Ronald Azuma 在《A Survey of Augmented Reality》[2] 中简明扼要地解释道："AR 技术允许用户查看叠加或合成了虚拟对象的真实世界。因此，增强现实补充现实，而不是完全替代它。"

图 1-2：具有交互式 AR 指南的博物馆展览，虚拟向导形象无缝出现在你面前（https://vimeo.com/70035191）

传统上，AR 技术通过在可用的设备（如智能手机）上使用相机和软件跟踪现实世界中的目标。这些目标可以包括图标、图像、物体、声音、位置甚至人物等。目标输入数据经过软件处理，并与含有潜在对应信息的数据库进行比较。如果匹配到对应的内容，则会触发增强现实体验，将其效果叠加到我们对现实世界的感知之上。

Azuma 对增强现实的初级系统定义包括以下三个特征 [2]：

- 真实和虚拟融合

- 实时互动

- 三维注册

第三个特征"三维注册"是指将虚拟对象无缝地对齐到现实世界中的三维空间。没有准确的注册，虚拟物体在物理世界中的存在感就会受到影响，我们将不再相信那些叠加对象的真实存在。通常情况下，如果一个虚拟台灯看起来漂浮在物理桌面上，而不是准确地摆放在桌子上，我们将会觉得办公室在闹鬼，这个技术难点将会影响我们对空间中存在一盏台灯的认知。但当我们为虚拟对象添加阴影时，它就变得更加可信了，因为它反映出了物理环境更多的特征。

增强现实的演进

考虑到 AR 的下一波技术浪潮，在当前的增强现实定义中，我认为还缺少一个关键字：上下文。借助于对你的体验、你的位置、你的兴趣和你的需求的充分理解和定制化设计，上下文信息将会使增强现实体验得到提升。上下文信息通常需要建立在注册数据之上，这门技术可以在真实世界之上注册、合成并关联各种有意义的数据，为你创造个性化的用户体验。

在新的增强现实技术中，这种上下文注册的成功并不是让你看到一盏虚拟的台灯，并感觉它完全位于你现实世界中的桌子上（就像我们在 1997 年定义的那样）。我们需要的设计是让台灯能够通过环境信息知道你何时需要更多的光线，从而在适当的时候自行出现，或者把自己关掉，以表明现在是应该结束工作开始休息的时候了。毫无疑问，随着技术的发展，作为技术难点的注册问题将会得到解决，尽管技术问题一直都很重要，但我们将把重点放在为人类提供有意义和引人入胜的增强现实体验之上。

随之而来的目标匹配的过程也将变得更加复杂，因为它不再是一个连接到静态数据库的"命中"过程。在传统 AR 技术中，当我们在教科书中发现了一张恐龙的照片，就会触发对应的恐龙的三维模型的显示。而今天，三维模型和增强现实体验日渐进步，已经可以主动去适应每个学生的课程计划甚至学习风格等因素了。我们很高兴能够看到，在下一次学生打开增强现实课本时，恐龙的种类已经自动根据其学习进展进行了调整，并集成了学生感兴趣的其他话题。增强现实技术现在成为了一个有生命的数据库，与我们一同呼吸：在交互中的触发和对应内容的更新都是动态的，可以随时改变。借助于对随时变化的上下文和背景数据的实时处理和适应，新的 AR 技术可以根据你和你周围的环境提供定制化的信息和体验。

我们早就应该重新审视增强现实的定义以及它的发展方向，尤其是现在，增强现实技术的研究已经不再局限于学术机构。以前，增强现实需要高度专业的设备，这些设备的体积和价格都让大众望而却步。但今天，随着智能手机中传感器数量的增加，强大的增强现实设备已经可以被装在你的口袋里。这门技术的发展将会越来越快，可穿戴式计算机将会悄无声息地嵌入你的衣服里，眼镜上，甚至皮肤下面。

诸如苹果、Facebook、微软、谷歌和英特尔等大公司正在密切关注增强现实的未来，它们进行了大量的投资，让其尽快转化为大众能够使用的技术。Facebook 总裁马克·扎克伯格将增强现实称为"新的通信平台"，2014 年 3 月 25 日，他在自己的 Facebook 页面上写道："有一天，我们相信这种沉浸式的增强现实体验将成为数十亿人的日常生活的一部分。"注2

苹果首席执行官蒂姆·库克表示增强现实是"像智能手机一样的巨大科技创新"[3]，库克表示："我认为增强现实有令人难以置信的巨大发展潜力。通过这项技术，我们可以改善大量人类的生活体验，这让我感到兴奋。并且，这件事情本身也非常有趣。"[3]2017 年，在苹果全球开发者大会（WWDC）注3 上，苹果公司推出了 ARkit，一套用于开发面向 iPhone 和 iPad 的增强现实应用程序的前沿平台（见图 1-3）。在 WWDC 主题演讲中，苹果软件工程高级副总裁 Craig Federighi 将 ARkit 称为"世界上最大的 AR 平台"。

作为提升人类体验的一项技术，增强现实不会独立演进。它将成为一种超级媒介，与同时发展的其他新兴技术相结合，包括可穿戴计算、传感器、物联网（IoT）、机器学习和人工智能等。

AR 的第一次浪潮，我称之为"叠加"，主要内容是在现实之上叠加数字虚拟层。想象一下出现在棒球交易卡上的棒球运动员的三维模型，或出现在啤酒杯垫子上的虚拟问答游戏形象，它们都是"叠加"的典

注2：马克·扎克伯格的 Facebook 页面：（*https://www.facebook.com/zuck/posts/ 10101319050523971*），2014 年 3 月 25 日。

注3：WWDC 2017 主题（*https://youtu.be/oaqHdULqet0*）。

型体验。这类体验的主要特征是，当我们之后再次访问时，场景中出现的虚拟形象和内容几乎没有变化。这种虚拟形象通常基于完全相同的内容，重复访问的趣味性会大打折扣。通常在首次访问的时候，你还需要下载特定的形象和目标，并加载它以触发增强现实体验。

图 1-3：ARkit 的典型应用：无缝在现实世界的桌面上展示虚拟玩具车

现在，我们正在进入 AR 的第二次浪潮，我称之为"代入"。这一阶段将会创造出更加身临其境的、与环境集成的互动体验。"代入"和"叠加"的关键区别是用户，也就是你——这同时也是创建有意义的 AR 体验的秘诀。用户是"代入"发展的动力，也是定义体验质量的关键。

与叠加不同，下一波增强现实的浪潮不仅仅是对虚拟目标的复制和加载；根据对空间的全新理解和更深入的环境智能，将使整个世界都成为可追踪的目标。在代入阶段，我们突破了叠加阶段的技术限制，通过新的传感器来增强交互体验，从而加强与世界和彼此的互动。

当前，代入的成功案例包括配备有新一代传感器的 AR 智能手机，如联想 Phab 2 Pro 和华硕 ZenFone AR，它们主要基于谷歌的 AR 技术 Tango 开发。Tango 结合运动跟踪技术和深度感知技术，使设备能够像人类一样来引导我们探索物理世界。

当你握住设备并在房间中四处移动时，深度感应摄像机会看到你看到的内容，并能够智能识别周围环境的物理边界和布局。它可以识别墙壁的位置，地板的位置，甚至定位每一种家具。在不久的将来，诸如Tango 等技术将使增强现实成为日常体验，就像为你的孩子讲述睡前故事一样。请想象一下，你的床变成了一辆虚拟的卡车，在野生动物园中驰骋，你会看到一只猴子从衣橱顶上跳到台灯上，而狮子在梳妆台顶部睡得正香，你的物理环境被整合到故事世界中，可以拥有身临其境的体验。

感觉代入

微软 Kinect 最近在增强现实技术上取得了相当可观的进步，实现了在现实世界中识别目标方式的重大转变。Kinect 有助于你更好地体验增强现实，因为你的身体现在已成为可追踪的目标。在 Kinect 之前，AR目标通常是静态的，例如某个具体形象的复制和展现等。而 Kinect这项技术借助于对用户行为的观察和识别，打开了互动体验新的大门——它甚至能够识别你的面部表情和当下的情感。(可以在第 2 章中看到计算机视觉在 AR 中的发展，以及它如何给我们一双新的眼睛来体验这个世界。)

Kinect 发明人 Alex Kipman (同时也是微软 AR 耳机 HoloLens 的发明者) 在《How The X-Box Kinect Tracks Your Moves》[4] 中提到，Kinect 为我们带来了"一个巨大的转变，将整个计算机行业从一个我们必须了解技术的旧世界带入到一个新的世界里。在这个新世界里，技术壁垒将不再显式地存在，技术将会了解我们。"增强现实技术不仅可以探测到我们和我们周围的环境，更开始识别我们的活动，并对此进行回应。我们与技术交互的方式变得更加自然，因为技术将隐于幕后，而体验变得至关重要。这就是代入的核心。

代入也将带来一个全新的沉浸层级：在今天，我们需要透过叠加层的玻璃俯瞰增强现实的世界，而在代入阶段，这层玻璃将被打碎，我们可以在新的维度里体验虚拟的所有感官。人类的感觉将会超越视觉，在下一波的增强现实技术中发挥更为突出的作用。例如，增强音频通常与视觉效果相辅相成，也可以在增强现实中独立出现，不需要显示甚至也不需要与其他感觉进行集成。除了视觉和声音之外，我们现在能够触摸、闻到并品尝数字信号，甚至创造新的感官体验（这些想法将会在第 3 章、第 4 章和第 5 章中分别进一步探讨）。

在代入阶段，增强现实会创造出物理和虚拟结合的新模式。AR 技术将物理世界与数字媒体融合在一起，虚拟感觉能够让人拥有前所未有的体验。借助于数字用户交互界面，包括气压场、可变形屏幕和特殊控制器等，触觉技术能够使人体验到与现实生活中一样的物体触感。例如，AR 技术使得我们可以触摸到一只虚拟的宠物猫，真的感觉到它毛皮光滑的触感和呼吸时候腹部的振动。

一些 AR 设备可以让我们在增强现实中拥有味觉和嗅觉，如"电子味道感受机"和"香气体验机"，这两项发明都是伦敦城市大学广义计算实验室的教授 Adrian David Cheok 的功劳。香气体验机是一个可以插入智能手机音频插孔的小型设备，可以让你分享香味的气味信息。而电子味道感受机使用金属传感器，根据通过电极的电流，诱使舌头体验各种口味，从酸到苦，从咸到甜，在你的大脑中生成虚拟的味觉体验。

Cheok 希望我们的五感都能够以物理世界中互动的同样方式与电脑进行交互。他在《Share touch, smell and taste via the internet》[5] 中解释说：

> 想象一下，当你使用计算机、iPhone 或笔记本电脑的时候，一切都在玻璃后面，仿佛是隔了一扇窗户。你要么是触摸玻璃，要么透过玻璃来看。但在现实世界中，我们可以打开这扇窗户，我们能够触摸，我们能够品尝，我们能够闻到虚拟的"真实"。

在增强现实的下一波浪潮中，我们能够"打碎玻璃"，增强人类的感官体验。

更进一步的是，人脑可以理解数字信号和电化学信号，以体察其含义甚至创造新的感官体验，虽然人类目前看不到无线电波、X 射线和 γ 射线，但这些东西仍然客观存在。人类看不到（或者至少暂时看不到）这些信息，是因为我们生来没有配备适当的传感器，而增强现实技术可以提供这些超能力，使得我们不仅可以看到，而且可以使用我们身体的每一个部分来充分体验各种各样的信息和数据。这种新的技术使我们可以用前所未有的方式来参与和了解我们的世界。

跨行业的增强现实技术

我们来看看在哪些行业中下一波增强现实技术已经开始产生影响。

1. 增强健康

增强现实技术使医学专家可以与人体解剖学的虚拟三维可缩放模型进行交互。医生们现在可以操纵数字模型，甚至 3D 打印出模型的不同阶段来辅助手术。不久之后的某一天，触觉元件的最新发展将使外科医生可以在虚拟的大脑上练习，从而为现实生活中的手术积累完全真实的临床经验。

2. 增强学习

今天，我们已经可以使用 AR 技术来跟踪面部表情，实时知道学生是否遇到了学习上的难题。在不久的将来，教师们将能够用这项技术来制定教学计划，为每个学生定制内容和进度。例如，如果你正在通过你的 AR 设备进行远程学习或观看在线课程，如果你看起来很困惑，那么 AR 技术将会向你提供进一步的解释。或者，如果你看起来有些走神，AR 技术可能会向你提问以确保学习进度。

3. 增强零售

目前，AR 技术已经可以让你看见某些产品（比如家具）出现在你家里的时候是什么样子的；增强现实试衣间还可以让你看见手表和服装这类服饰在自己身上的穿着效果。人们正在努力推进这一领域的发展，以让线上消费者不仅可以看到产品和服装的外观，还可以触摸和感受它们，就像在商店里那样。

4. 增强工作

AR 技术已经开始提供修理指导，能够分享你当前看到的东西并提供实时的注释和建议。这一全新的、允许实时远程协作的工作模式正在迅速发展，并将改变我们远距离工作的方式。例如，日本的建筑师可以通过 AR 技术在加拿大的现场与建筑商进行交互，并充分参与工地上的设计工作。

5. 增强娱乐

有一天，你可能不再需要电视：你的 AR 头戴视图器将成为你的娱乐中心，向你提供丰富的个性化内容。不管是让你最喜欢的表演者出现在家中为你唱歌，还是让你身处一个开放场地来尝试走出一个虚拟迷宫，这些全新的数字内容将被量身定制，结合你身边的物理环境，为你提供更好的娱乐体验。

今天的增强现实：以人为本

12 年前，当我开始 AR 方面的工作时，整个领域的主要焦点是技术；内容的设计很晚才出现，在一段时间内甚至没有人关心，通常人们在技术出现后才会考虑内容。在那个大多数研究人员和开发人员都关注于 AR 技术中的注册和跟踪问题的年代，我有幸成为加拿大多伦多约克大学一个特别棒的实验室中的一员，在 Caitlin Fisher 博士的领导下，我们尝试定义未来世界中 AR 的内容和故事体验。我们的实验室当时与其他研究机构非常不同：我们隶属于美术系和电影系，而大多数 AR 研究实验室都在计算机科学系。其他实验室的研究焦点通常集中在 AR 技术的一个特定领域，专门发明和改进这些技术，而我们实验室的工作重点是创造内容和体验。

我们并不是软件或者硬件方面的专家。增强现实技术激发了我们的设计灵感，与此同时，我们并不局限于技术上的限制。已经有足够多的实验室正在解决不同的技术问题，而现在，更需要探索的领域是在技术允许的前提下进行全新的内容创作和不同类型的体验设计。我们尝试了多种新兴技术，将它们以新的方式结合起来，以超越传统增强现实用途的局限。如果技术尚未存在，我们就和工程师和科学家一起合作来实现它。

2009 年，我们的实验室开发了 SnapDragonAR，如图 1-4 所示，它是首款商业化的 AR 拖放式软件工具之一，可以让非程序员们更容易为这一新媒介做出贡献，使增强现实技术可以惠及教育工作者、艺术家、电影制作人员和更一般的受众群体。同时，这为各个领域的制造商创造了内容制作的平台。我们扩大了 AR 技术的世界，使其不再局限于计算机科学专业领域，让创新者们可以继续在这条道路上前进。

图 1-4：SnapDragonAR 的虚拟拖拽方式（http://www.futurestories.ca/snapdragonar/）

AR 不再仅仅是一项技术，而是对我们现实世界中生活方式的重新定义；它让我们思考如何更有意义地设计内容和交互体验，从而推动人类的下一步发展。AR 的技术、意识和形态在过去十年中发生了巨大变化。现在我们拥有的这一切已经如此令人难以置信，将来又会是怎样？在定义 AR 的发展路径时，我们将一起来回答这个问题。我们需要跨企业、跨设计和跨文化的领导者来引导这一快速发展的行业，使梦想成为现实。增强现实技术将彻底改变我们的生活、工作和娱乐方式。

参考文献

[1] Hunter Hoffman, "Virtual Reality Pain Reduction," (*http://www.hitl.washington.edu/projcts/vrpain/*) University of Washington Seattle and U.W. Harborview Burn Center.

[2] Ronald T. Azuma, "A Survey of Augmented Reality," (*http://www.cs.unc.edu/~azuma/ARpresence.pdf*) *Presence: Teleoperators and Virtual Environments* 64 (1997): 355-385.

[3] David Phelan, "Apple CEO Tim Cook: As Brexit hands over UK, 'times are not really awful, there's some great things happening'," (*http://ind.pn/2u7tbJy*) *The Independent*, February 10, 2017.

[4] "How The X-Box Kinect Tracks Your Moves," (*http://www.npr.org/2010/11/19/131447076/how-the-x-box-kinect-tracks-your-moves*) *NPR*, November 19, 2010.

[5] "Share touch, smell and taste via the internet." (*http://bit.ly/2wb4wAS*)

第2章

看世界的新视角

我们已经开始大规模地改变自己看待和体验现实世界的方式。计算机视觉、机器学习、新型相机、传感器和可穿戴设备正在以不同寻常的方式延伸人类的感知。增强现实（AR）给了我们新的眼睛。

作为新的通信媒介的进化，AR 的出现可以追溯到早期电影史。1929年，先驱电影制作人 Dziga Vertov 撰文阐述了相机的力量，描绘了一个新的现实："我是一只机械眼。我，作为一台机器，为你展示我眼中的世界。"Vertov 的知名作品《持摄影机的人》使用了创新的摄像角度和技术，以超越人类视觉的局限性。

Vertov 尝试了新的拍摄视角（例如在摩托车这类移动交通工具上进行拍摄，在火车飞快掠过时将照相机放在火车下面的轨道上，见图2-1）。他还通过叠加图像、快进和慢放镜头等技巧来探索新的时空体验。Vertov 使用机械相机的新兴技术来扩展人眼的能力，并创造出拍摄世界的新方式。他写道："我在探索一条不同寻常的道路，创造看世界的新视角。借助于这种新的方式，我将解读出一个你们闻所未闻的世界。"

近一个世纪以后，Vertov 的研究指向了增强现实这项技术，并确实带来了崭新的视角，刷新了我们对世界的理解。相机在传统的 AR 技术中起着关键的作用：相机与计算机视觉结合在一起，扫描和解码我们的物理环境。但过去的 AR 严重依赖于基准标记（黑白的几何图案）或图像来增强二维表面（譬如印刷品）的表现。

图 2-1：拍摄者冒着生命危险寻找最适当的画面（https://upload.
wikimedia.org/wikipedia/commons/c/c7/Mikhail_kaufman_on_train.jpg）

然而，现实世界并不是二维的，我们对现实的体验多数基于三维空间。
与二维基准标记或图像不同，AR 技术正在使用三维深度感应摄像机
来识别、映射和理解我们的空间环境。三维深度感应摄像机（例如微
软 Kinect 相机和 Intel RealSense 相机的发明）正在取代传统上使用基
准标记和图像的测量方法，它们将革新计算机感知、投射和增强三维
环境的方式。

Vertov 的工作同时探索了另一种可能性：相机（或者说机械视觉）将
如何超越人类视觉极限。他提出了新的观点：如果人类可以用和相机
一样的方式感知世界，将会如何？同时，像 Kinect 和 RealSense 这样
的深度感应摄像机的发明，也促使我们从另一个方向思考这个问题：
如果相机和计算机可以像人类一样感知世界，又将会如何？AR 技术

开始模仿人类的感知设计，使我们能够以全新的方式去看、去听、去体会。

由你控制

2010 年推出的 Kinect 改变了我们体验增强现实的方式。Kinect 的口号是"由你控制"。通过简单地移动你的身体，就像平时所做的那样，你便可以触发并控制自己的增强现实体验。

在 Kinect 之前，为了使自己体验到 AR 技术，你需要在身上放置二维的基准标记——比如在衣服上打印一个图像，或者搞一个 AR 纹身。但是，现在有了 Kinect，增强现实体验变得更自由了。我们和虚拟形象之间的障碍不复存在。站在由 Kinect 驱动的屏幕前，你可以看到增强处理之后的自己，并与其进行交互，就像站在数字魔镜前面一样，如图 2-2 所示。增强现实技术将会一一响应你的动作和手势，创造独特的交互体验。

图 2-2：利用 Kinect 自制钢铁侠套装（https://youtu.be/bx5McnEht7Q）

作为新型互动体验创造的先锋，艺术家们立即接受了 Kinect 这个创意工具。2012 年 Chris Milk 所创作的"The Treachery of Sanctuary (*http://milk.co/treachery*)"是 Kinect 在艺术创作中使用的一个成功案例，如图 2-3 所示。站在一组三个互动面板的前面，你可以体验出生、死亡和再生的整个过程。在每个面板中，你的身体都会出现不同的变化，它们产生的暗色阴影将会映射回你身上。在第一个面板中，你看到自己的身体慢慢展开，分解成一群小鸟，飞入空中。在第二个面板中，这些小鸟俯冲向你，展开攻击。在第三个也是最后一个面板中，有巨大的翅膀从你的肩胛处展开，你只需要挥动你的手臂，便可以感到自己慢慢飞起来，离开地面，冲向天空。

图 2-3：体验"The Treachery of Sanctuary（*http://milk.co/treachery*）"

Milk 在自述[1]中写道：

　　对我来说，作品和观众之间的双向交流才是真正有趣的事情。

可以将观众看作设计理念的重要部分，而技术允许观众与作品进行交互。因此，我们强调体验的重要性，创新设计需要不断地超越过去的规则，以达到灵肉合一。

Kinect 的魔法还有一个重要因素：技术隐形。科技的迅速发展使得技术渗透在了细节里：只要站在它的前面作出动作，便会得到相应的体验；身体和动作就是一切反应的触发器。科技给我们创造了新的体验，但用户才是最终内容的创造者。如同字面上的含义那样，技术隐于幕后，而你成为焦点。

观察运动并预测行为

Kinect 使用深度感应摄像机来感知三维世界。它将红外光点按照一定的模式在空间中进行投射，然后测量每个点光源发射的光反射回相机的传感器芯片所用的时间。这些数据经过软件处理，用于识别视野中可能出现的人类特征，譬如头部和四肢。Kinect 使用骨骼模型将人体分解为多个部分和关节。这套软件内嵌了超过 200 个姿势，可以理解人体如何移动，并能够预测身体下一步可能的动作。

我们广泛地在日常活动中与周围环境进行互动，而预测是人类感知的最重要的特征之一。Palm 计算（为我们提供第一台手持计算机的公司）的创始人 Jeff Hawkins——《On Intelligence》的作者，将人脑描述为一套记忆系统，其功能为存储和提取历史事件，以帮助我们预测接下来会发生什么。

Hawkins 指出：人类大脑不断对我们环境中将要发生的事情进行预测。我们通过记忆存储和提取的一系列模式来体验世界，用它们来与现实环境相匹配，以预测接下来会发生什么。

康奈尔大学个人机器人实验室的研究人员使用 Kinect 成功制作了机器人来预测人类的行为意图，这个机器人可以协助我们完成倒饮料或是打开冰箱门之类的任务，见图 2-4。机器人观察你的身体动作，以检测目前发生的行为。它可以访问包含约 120 个居家行为的视频数据库

（从刷牙，到吃饭，到把食物放入微波炉等）来预测下一步将要执行的动作，然后提前计划以协助你完成任务。

图2-4：在双手被占用的时候，能够帮我们拉开冰箱门的机器人（http://pr.cs.cornell.edu/anticipation/index.php）

使用 SLAM 技术构建 3D 地图

为了让机器人在环境中顺利移动和执行对应的动作，它需要对周围的环境创建地图，还需要知道自己在地图中的哪个位置。研究人员已经开发了同步定位与导航（Simultaneous Localization and Mapping，SLAM）技术来完成此任务。在 SLAM 之前，构建该地图所需的传感器一直价格高昂且体积庞大，而 Kinect 推出了价格实惠的轻量级解决方案。在 Kinect 发布的几周内，基于 Kinect 辅助的机器人视频便频频出现在 YouTube 上，从四旋翼飞行器在房间内自主绕圈飞行，到机器人在废墟中自动巡航来寻找地震的幸存者。

谷歌的自动驾驶汽车也使用了 SLAM 技术和自行研发的相机和传感器。如图 2-5 所示，这辆汽车可以自行处理地图和传感器数据以确定其位置，并根据周围物体的大小、形状和运动方式对环境进行理解与判断。自动驾驶技术让汽车能够预测环境中各个物体下一步可能的动作，并作出响应，例如检测到穿过街道的行人时会自动刹车。

图 2-5：谷歌自动驾驶汽车在街道上自如行驶（https://waymo.com/）

SLAM 的用途并不仅限于自动驾驶车辆、机器人或无人机，人类也可以用它来对环境建模。麻省理工学院（MIT）为人类开发了可穿戴 SLAM 设备的首个实例。该系统最初是为紧急救援人员设计的。譬如，首次进入未知领域的响应人员只需要在胸前佩戴一个 Kinect 相机，该环境的三维数字地图就可以随着相应人员的移动而实时建立。同时，用户也可以使用手中的按钮对特定位置进行标记。地图可以实时共享，并无线同步到离岸指挥中心。

SLAM 技术也为我们带来了新的游戏形式。2011 年瑞典斯德哥尔摩第 13 实验室创造了一款游戏：星球入侵，这是早期将 SLAM 整合到 AR 游戏中的经典案例。只需要将 iPad 放在面前，便可以看到物理环境中到处漂浮着虚拟的目标，我们可以在其中自由地追逐和射击。独特的是，在"星球入侵"中，虚拟元素可以与你的物理世界相互作用：虚拟子弹从你面前的墙壁上弹起，虚拟的球体入侵了你的家并隐藏在你的家具后面。当你移动 iPad 的相机来玩这款游戏的时候，一个三维环境地图正在实时构建以支持这些互动。2012 年，第 13 实验室发布了"点云"，这是一款采用 SLAM 3D 技术的 iOS 软件开发工具包。2014 年，VR 技术公司 Oculus 将第 13 实验室收购。

今天，SLAM 已经成为谷歌 Tango AR 计算平台背后的基础技术之一。

2015 年，Tango 的平板电脑开发套件首先对专业开发人员开放，在此之后的 2016 年到 2017 年间，基于 Tango 的智能手机接连推出，比如联想的 Phab 2 Pro 和华硕的 ZenFone AR。Tango 可以实现诸如无 GPS 精确导航、虚拟三维世界观测、实时空间测量以及特殊设计的增强现实游戏——智能地对周围环境进行建模并定位用户位置。谷歌将 Tango 的目标设定为"让移动设备像人类一样理解空间和运动"，如图 2-6 所示。

图 2-6：谷歌 Tango 的增强现实应用示例（https://www.google.com/atap/project-tango/）

现在，我们已经离不开自己的智能手机了，而日新月异的 AR 技术（比如 Tango）致力于让智能手机和人类一样观察、学习和理解这个世界。这会给我们带来和物理世界的全新交互方式，并且和虚拟世界无缝连接；物理世界和虚拟现实可以分享同样的内容和情境，从而创造出更深层次的沉浸感。虚拟和真实之间的分界线会愈加模糊，技术将逐渐学会理解我们的环境，并帮助我们更好地适应它，从而让我们拥有更好的生活体验。

让盲人看见

如果我们能够让电脑和平板电脑看见这个世界，为什么不使用同样的技术来帮助人类呢？英特尔 RealSense 交互设计组总监 Rajiv Mongia 及其团队开发了一款可穿戴设备的便携式原型，利用 RealSense 3D 相机技术，来帮助视力障碍者更好地了解周围环境。

在 Las Vegas 的 2015 年国际消费电子展（CES）上，在舞台上展示了 RealSense 空间知觉体验可穿戴设备。它的主体是一个装有计算芯片的背心，通过无线与 8 个拇指大小的振动传感器进行连接，这些传感器分别位于胸部、躯干、手腕和脚腕附近。它可以通过查看深度信息来感知佩戴者周围的环境，并通过接触体验技术利用电机的震动将反馈发送给佩戴者，如图 2-7 所示。

图 2-7：装有振动传感器的背心原型，能够告知佩戴者周围的环境信息

振动传感器的工作形式和手机上的振动模式类似，振动强度与物体距佩戴者的距离成正比。如果物体非常接近，则振动较强；如果物体较远，则震动强度相应减小。

英特尔技术项目经理 Darryl Adams 已经对系统进行了测试。Adams 在 30 年前被诊断为色素性视网膜炎，他表示该技术使他可以充分利用他所拥有的视力，结合触觉更好地感知周围的环境。

> 对我来说，这项技术有着巨大价值，尤其在对周围环境变化进行感知这项能力上。如果在静止站着的时候感觉到振动，我就可以立即转向信号传来的大致方向，来确认具体发生的事情。通常，我会发现有人接近我，在这种情况下我可以向他们打招呼，我可以知道他们在那里。没有这项技术，我一般会错过这种社交场景，这常常也会带来一点尴尬。

该系统在三名佩戴者身上成功进行了测试，每个佩戴者的需求和视力水平都不相同，从低视力到全盲。通过硬件模块化技术，Mongia 和他的团队正在努力使系统变得可扩展，以允许用户选择最适合其特定情况的传感器和触觉终端的组合。

Adams 希望让软件可以感知环境，以便系统可以在任何给定情况下响应佩戴者的需求。他认为这项技术可以不断演进，譬如逐渐囊括面部识别或视线跟踪等功能。当有人正在看着自己时，佩戴者就可以收到警报，而不仅仅是知道附近有人。

人工智能（Artificial Intelligence, AI）技术可以与 AR 技术进一步整合，以便更好地理解佩戴者的环境和背景，从而为可穿戴设备提供更好的体验。诸如机器学习这类方法可以帮助计算机提供人类大脑的一部分能力，使计算机程序能够在接收到新数据时自主学习如何执行新任务，而无需提前对这些任务进行明确的编程指令。

1. 机器学习辅助计算机视觉

OrCam（*http://www.orcam.com/*）是为视障人士特别设计的设备，它使

用机器学习技术来帮助佩戴者了解自己所在的环境，并更好地与之进行交互。该设备可以识别文本和物体，诸如人脸、产品和纸币等。

OrCam 设备看起来是一副装有相机的眼镜，它可以持续对佩戴者周围的环境进行扫描。相机与一个小到可以放到口袋里的便携式计算机通过很细的数据线连接。OrCam 使用音频代替了振动传感器（比如 RealSense 空间知觉体验可穿戴设备使用的那种）。针对不同的场景，它会读出相应的物体词汇或人物名称，通过骨传导扬声器将声音传递给佩戴者。

OrCam 的佩戴者可以通过手指来告诉设备他感兴趣的内容。"简单地指向图书，设备将会为你阅读，"OrCam 研究与开发部门负责人 Yonatan Wexler 在《Augmented Reality Applications: Helping the Blind to See》[2] 中提到，"只需要将手指沿着电话账单移动，智能设备将会读取这些内容，让你知道是谁的来电和对应的金额。"为了教会系统阅读，它反复读取了数百万个示例，使得算法能够稳定地产生可靠的结果。

Wexler 表示，确定人物和面孔时不需要定向。"当你的朋友正在接近你时，设备会提醒你。我们只需要大约十秒的时间来教会设备识别一个人，"他说，"所有需要做的事情就是让那个人看着你，然后说出他们的名字。"OrCam 为该人拍摄了一张照片，将它存储在系统内存中。当下一次相机的镜头中出现这个人时，设备将会识别他的身份，甚至可以给出被识别者的名字。

OrCam 使用机器学习来进行人脸识别。研发团队必须为 OrCam 提供数十万张不同面孔的图像，用以对 OrCam 的模型进行训练。当用户佩戴 OrCam 时，程序会排查所有图像，拒绝其中不匹配的对象，直到只剩下一张匹配的图片。每次 OrCam 佩戴者遇到他们曾经鉴识过的人的时候，都会马上执行这个人脸识别过程。

2. 让大脑看见声音

OrCam 受过专业训练，可以看到你的世界，并为你提供周围环境的口译服务。而另一条技术发展的道路来自于计算机视觉技术，如 vOICe

和 EyeMusic。这些技术并非借助机器学习技术告诉穿戴者它正在看什么，而是探索人类的大脑如何接受其他感官的信号，其中的一个重要方向是学习如何"看见"声音。

神经科学家 Amir Amedi 提出了一个问题："我们是否可能找到一种为视力障碍的人类直接在大脑中提供视觉信息的方式，来绕过他们眼睛存在的问题？"Amedi 和他的团队进行的脑成像研究表明，当先天失明者使用 vOICe 和 EyeMusic 这样的辅助系统来"看"这个世界的时候，他们大脑中与视觉正常人类相同的信息处理区域将被激活。然而，信号不是穿过视觉皮层，而是通过听觉皮层进入大脑，并传导到大脑中的正确位置。

vOICe 系统（OIC = Oh I see = "哦，我看见了！"）可以将摄像机的图像转换为音频信号，以帮助那些先天失明的人。由 Peter Meijer 开发的 vOICe 像是一副带有小型相机的太阳眼镜，可以连接到计算机和耳机，该系统也可以通过在智能手机上下载软件，借助于手机的内置相机执行相应的功能。

vOICe 软件使你的周边环境成为"有声景像"。摄像机从左到右连续扫描环境，将每个像素转换为蜂鸣声：频率表示其垂直位置，音量表示对应的像素的亮度。更明亮的物体会发出更大的声音，而声调告诉我们物体的物理位置是高还是低。

Amedi 和他的同事让天生失明的人能够使用 vOICe 和 EyeMusic 来"看"这个世界，最近由 Amedi 开发的应用程序能够赋予不同色调相应的音调，并使用不同类型的乐器来传达色彩。例如，蓝色由小号表现，红色是管风琴上的一个和弦，黄色对应着小提琴，白色由人类的声音代表，而黑色表示着沉默。

Amedi 表示，训练一个人的大脑学会"看"大约需要 70 个小时。系统可以教会用户识别各种物体，包括人脸、身体和景观等。这些信息都将在大脑的视觉皮层处理。"人们认为大脑根据感官收集到的信号组织信息，但我们的研究表明情况并非如此，"Roni Jacobson 在《App

Helps the Blind 'See' With Their Ears》[3] 中表示，"人脑比我们想象的更灵活。"

Amedi 和 Meijer 所进行的这类研究向我们展示了传统意义上"看"世界的方式正在发生改变，计算机和人类大脑正在学着以新的方式观察世界——科技与人类将共同进步。

定制属于你的现实

在计算机视觉的帮助下，感知和解释环境的能力也使得过滤真实物体成为可能；我们可以有选择地看见或者看不见周围的世界。这种技术为我们提供了从现实世界中去除掉我们不希望看到的东西的可能性。

《黑镜》——一部极受欢迎的讽刺现代技术的电视剧，在 2014 年的"白色圣诞节"一季中，想象了一种按下一个按钮就能够屏蔽现实世界中其他人的能力。屏蔽后你会看到一个人形的空白，并听到一声闷响同时被屏蔽的人将会看到和你眼中一样的场景。2010 年，日本开发商 Takayuki Fukatsu 使用 Kinect 和 OpenFrameworks，搭建了一个与《黑镜》一剧中描述的技术类似的演示模型。Fukatsu 的光学迷彩模型成功展示了人与其背景融合而变得不可见的这一过程。

被称为"可穿戴计算之父"的史蒂夫·曼恩博士是多伦多大学电气工程与计算机科学系教授。曼恩在 20 世纪 90 年代定义了"介导现实"一词。他在《Mediated Reality: University of Toronto RWM Project》[4] 中提到，"介导现实与虚拟现实（或增强现实）不同，它允许我们过滤掉违反我们意愿的事情"。对于曼恩来说，可穿戴式计算设备能够为用户提供"自创的个性化现实"。曼恩使用"介导现实"技术，用个人笔记和说明代替了现实世界中频繁出现的广告。

新媒体艺术家 Julian Oliver 将曼恩的工作作为"艺术广告家"的灵感，这是 2008 年发起的一个介导现实项目，由他与 Damian Stewart 和 Arturo Castro 合作开发。"艺术广告家"是一个软件平台，可以实时用艺术品取代广告牌。这一平台训练计算机以识别广告所在区域，并将此区域转换成虚拟画布，使得艺术家可以在其上展示图像或视频。人们可以用手持设备（看起来就像一架双筒望远镜）来观看艺术品，如图 2-8 所示。

图 2-8：在"艺术广告家"中，广告所在的位置可以被用户喜欢的艺术品所取代（http://theartvertiser.com/）

Oliver 认为"艺术广告家"是"改进现实"的一个案例，而不是增强现实的一种形式，他将该项目描述为将"公共空间"从"只读"转换为"可读写"平台。"艺术广告家"采用了颠覆性的技术来定位和暂时拦截由广告主导的现实环境。

2015 年建立的"品牌杀手"是基于曼恩和 Oliver 的工作的新项目。它由宾夕法尼亚大学的学生 Tom Catullo、Alex Crits-Christoph、Jonathan Dubin 和 Reed Rosenbluth 创建，用于实时模糊出现在其佩戴者视野内的广告。学生们提出了一个问题："作为消费者，我们要如何面对这个拥有太多公司品牌的世界？""品牌杀手"是一台定制化的头戴式显示器，它使用 openCV 对图像进行处理，以实时识别和封锁用户视野内所出现的品牌和商标。这群学生把它比喻为"现实世界中的

AdBlock"。

我们已经可以通过"介导现实"技术来阻止广告，甚至阻止我们不想见到的人再次出现在我们的视野中。那么，除了广告和其他人之外，我们还能选择性地通过这项技术屏蔽什么呢？

当我们设计增强现实的未来时，一个需要考虑的问题是：根据用户的需求利用数字技术过滤、调和和替换选定的内容这一行为，究竟是会提升我们的现实体验，还是会将我们与真实世界分离。从个人的角度，我希望这些新技术将用于支持人际交往、沟通和交流，甚至帮助人类建立共情。

虽然人类往往倾向于从现实中除去自己不想看到的东西，如流浪者、贫穷者和疾病者，但我们或者说整个社会必须积极地面对和处理这些事情。"介导现实"技术的确有可能培养出偏向回避甚至无知的文化，我们不应该对真实的现实视而不见。

"介导现实"的一个积极面是它为我们提供了一种集中注意力的方式。将来，这种技术可以依靠对干扰因素的过滤，为我们带来更多人与人之间交流的机会。在这个信息爆炸的时代，我们每天都在被各种技术和通知轰炸。如果"介导现实"可以提供一个简单的方法，让我们暂时完全摆脱干扰呢？

另一个关键问题是，谁将会成为这个新的现实世界的导演？某个人、某个公司还是某个组织？我们将感知谁的介导现实？什么样的视觉过滤器或信号拦截工具将会出现？用 Oliver 的话说，我们将成为可读写环境的一部分吗？还是只读的？

和互联网分享信息的方式类似，我相信增强现实（包括"介导现实"）将会是可读写的。万维网发明家 Tim Berners-Lee 认为互联网是一个允许我们用新颖和强大的方式来分享经验的地方。在《Tim Berners-Lee: Weaving a Semantic Web》[5] 中，他说："我最初想做的事情是使它成为一个合作的媒介，一个大家可以互相了解并一起阅读和写作的地方"。互联网重组了我们分享和接触信息的方式，而增强现实也拥有同互联网一样的潜力。

时至今日，增强现实技术已经积攒了足够多的案例，并提出了一种感知世界的新方式，它可以让视力障碍者重新看到世界，可以帮助艺术家想象新的互动体验，可以提供能协助人们日常生活的机器人。AR技术有能力改善人们的生活，也有能力启发我们以新的生活方式与周围环境相互影响。

在本章开头 Vertov 的句子"我，一台机器，为你展示我眼中的世界"中，我们不妨用"人类"来代替"机器"一词，这样我们将得以享受互联网带来的丰富信息：对人类经验和观点的全球化收集和共享。为了对社会产生积极影响，以有意义的方式为人类做出贡献，增强现实技术也需要找到属于自己的道路来呼应万维网的原始愿景：海纳百川，有容乃大。

参考文献

[1]　"The Treachery of Sanctuary." (*http://milk.co/tos-statement*)

[2]　Helen Papagiannis, "Augmented Reality Applications: Helping the Blind to See," (*http://iq.intel.com/augmented-reality-applications-helping-the-blind-to-see/*) *iQ*, February 10, 2015.

[3]　Roni Jacobson, "App Helps the Blind 'See' With Their Ears," (*http://bit.ly/2wa9Btg*) *National Geographic*, April 5, 2014.

[4]　Steve Mann, "Mediated Reality: University of Toronto RWM Project," (*http://www.linuxjournal.com/node/3265/print*) *Linux Journal*, March 1, 1999.

[5]　Andy Carvin, "Tim Berners-Lee: Weaving a Semantic Web," (*http://bit.ly/2wp2kVT*) February 1, 2005.

第 3 章

触摸体验

下一波 AR 技术将探索并创造新的感官体验——技术为我们创造的感受将不仅限于视觉。触感增强现实不仅可以同步我们看到的东西及其带来的现实触感,还拥有为我们创造新的沟通方式的潜力。苹果手表的"taptic 引擎"(http://tacticalhaptics.com)可以为新信息通知等提供恰如其分的触感反馈,如图 3-1 所示,对于为虚拟现实应用设计的新型触觉遥控器(例如战术触觉 Tactical Haptics)来说,触觉体验将为 VR 提供新的现实感,数字触觉的发展也指日可待。

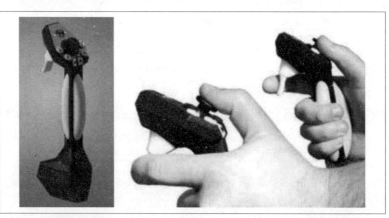

图 3-1:依靠手柄周围的盘状滑片进行触觉反馈的装置,滑片能够独立驱动并垂直滑动(http://tacticalhaptics.com/files/IQT_Quarterly_Fall2014_Provancher.pdf)

在物理世界中，你可以用手摸到面前的东西，把它拿在手上或者做点其他的事情。在增强现实中，虚拟物品虽然看起来存在于你的世界里，但如果你伸出手来触摸它，将会触到玻璃或稀薄的空气——取决于你使用的是智能手机还是增强现实眼镜。

在第 1 章中，三维注册被认为是在现实世界中无缝对齐三维空间中的虚拟对象的最好方式。增强现实中的注册目前集中在视觉对齐上，但其他感官呢？如果 AR 的目标之一是提供无缝的环境和体验，那么当用户尝试触摸虚拟物品时，这种感觉就会被破坏，我们不会有任何感觉。所以增强现实的下一步发展是使虚拟物品可以被触摸，这项技术将会进一步模糊我们对真实和虚拟的认知边界。

触摸可以帮助我们探索和理解现实世界。触觉通过感受物体的纹理和重量等方面，帮助我们了解一些更深层次的东西。从而我们能够认知：这个东西是用什么制造出来的，它和其他东西摸起来有什么区别。触感允许我们验证一个物体在物理上是否真实存在。

我曾经坚信上一段的最后一句话是真的，直到 2011 年，在南澳大利亚大学魔术视觉实验室，我第一次尝试了触觉体验（能够提供触觉反馈的新技术）。我能记得的事情是，自己一直在努力确认什么是真实的，什么又是虚拟的。我被彻底震撼了。我能够看到并触摸一条虚拟的鱼，感觉到鱼身上的每一片鳞片，就像它真的存在一样。能够摸到真实世界中并不存在的东西并拥有物理上的触觉反馈，这真的是前所未有令人迷惑的感受。这是怎么变成可能的呢？

顶着头戴式显示器（HMD），拿着被称为 PHANTOM 桌面的触觉设备（它具有和笔类似的附件），我可以触摸并感受出现在我周围环境中的虚拟物体。该触觉装置使用三个通过在触针上施加压力而产生力反馈的小电动机，在单个接触点处模拟触感。除了纹理之外，我们还可以使用这个工具感受到重量，如图 3-2 所示。

这种错觉现在变得非常可信：我所看到的物体可以与我的感觉实际对应。视觉和触感在现实中紧密耦合，但在目前的增强现实技术中，绝大多数情况下，两者之间存在着区别。增强触觉体验彻底改变了我的 AR 经历，同时也让我对未来新媒体发展的设想更加大胆。

图 3-2：借助手持反应式握力触觉运动控制器进行物理交互的案例（http:// tacticalhaptics.com/files/IQT_Quarterly_Fall2014_Provancher.pdf）

2011 年，我设计并制作了《Who's Afraid of Bugs?》，这是世界上第一本使用 iPad 图像识别的 AR 立体书（见图 3-3）。这本书结合了纸艺工程的艺术（切割、胶合和折纸）与增强现实的魔力，创建了一本探索对虫子的恐惧的物理立体故事书。在通过 iPad 或智能手机读这本书的时候，各种虚拟小动物将会出现，譬如一只爬过你手的毛茸茸的狼蛛。虽然在澳大利亚魔术视觉实验室的触觉体验演示之前，我已经完成了对这本书的设计；但我可以很容易地想到触觉体验能够如何被整合到本书的下一个版本中。它可以用来创造一个更棒的恐惧诱导体验——用户不仅可以看到蜘蛛爬过自己的手，还能够感觉到蜘蛛在皮肤上经过时的重量和质感。

与前面提过的虚拟鱼的例子一样，我们可以重新创造物体在物理世界中的体验，并将其应用于虚拟对象，作为进一步增强"注册"的手段。在推进 AR 作为新体验媒介时，更重要的是，我们还会考虑并探索新的方式，例如我们可以使用增强触觉体验，而不仅仅是视觉上复制物理现实。

举个例子，我们是否可以创造出具有强烈对比体验的触觉特性，使得某些东西看起来很柔软，但是感觉却很坚硬？我们如何超越屏幕，以新的方式体验触觉？我们可以用触觉刺激作为非语言交流的手段吗？在本章中，我们将探讨触觉技术的研究和创新，这将有助于回答上面这些问题。

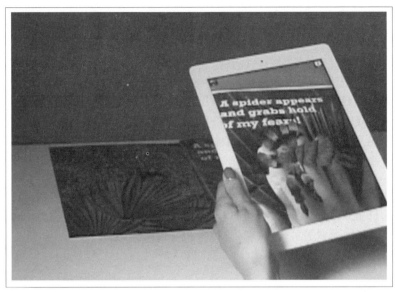

图 3-3：《Who's Afraid of Bugs?》立体故事书样例，一只狼蛛出现在使用者的手上（https://vimeo.com/25608606）

触觉和触摸屏

2011 年在魔术视觉实验室体验到的触觉体验演示中，我们使用了一般人无法负担的昂贵而笨重的设备。而现在，大多数增强现实使用的是智能手机或平板电脑，在不久的将来，随着增强现实技术逐渐在眼镜上可用，重大转变指日可待。比起触摸智能手机或平板电脑上的玻璃屏幕，AR 眼镜可以使得虚拟世界在你面前自如伸展，以新的方式（包括触觉）进行交互。

在 2011 年发表的《A Brief Rant on the Future of Interaction Design》[1]中，用户界面（UI）设计师和人机交互（HCI）研究员 Bret Victor 对各

种未来互动概念进行了观察，发现其中大部分概念都完全忽视了我们双手对物体的感受和操纵。他认为，世界上几乎每一个物体都会给我们提供某种形式的触觉反馈（无论是重量、质地、柔韧性还是形状边缘），在使用它们的时候，我们可以感受到这个物体就在我们手里。然而，他表示，像 iPad 这样的设备"牺牲了我们手上所有丰富的触感"。Victor 呼吁，互动的未来是"我们可以看到、感受和操纵的动态媒介"。

自 2011 年 Victor 发表这篇文章以来，我们走了多远呢？2015 年，苹果公司在 iPhone 和 iPad 上推出了 taptic 引擎，为用户提供了触觉反馈。我们开始看到触觉反馈设备和触感控制正在虚拟现实游戏中积极发展，在不久的将来，我们可能会看到这些为增强现实定制的工具在游戏和娱乐领域提供的更佳体验。

在 2012 年消费电子展（Consumer Electronics Show，CES）中，Senseg（一家位于芬兰的创业公司）的 E-Sense 技术首次出现，它提供了一种利用平板电脑或智能手机将触觉技术和增强现实集成的方式，如图 3-4 所示。

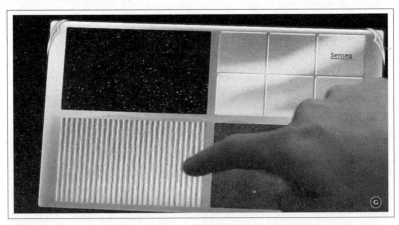

图 3-4：用户可以在平板上感受不同材质的触感（https://www.youtube.com/watch?v=FiCqlYKRIAA&feature=youtu.be）

Senseg 的副总裁 Dave Rice 表示，该技术能够为触摸屏显示器增加触觉效果，能够兼容的设备包括智能手机、平板电脑、触摸板和游戏机等。他讨论了开发新型游戏应用程序的可能性，譬如说设计一款寻宝游戏，其中藏起来的宝藏只能通过触摸屏幕来感受。Rice 在《New Technology: Haptic Feedback for Touchscreens》[2] 中提到："没有任何视觉线索这件事情非常令人兴奋，因为现在我们可以踏入触觉的世界——这一世界不仅可以作为对视觉世界的补充，还可以独立存在，真正创造一个新的世界供我们探索"。

E-Sense 通过使用静电场来为我们提供触觉，它可以模拟不同程度的摩擦，使其在平面屏幕上产生质感。该技术使用库仑力（基于其电荷性质而对物体或粒子产生引力或者斥力）。举个例子，当你将气球在头发上摩擦之后，气球会粘在头发上，因为当我们用气球摩擦头发时，电子从你的头发转移到了气球上：你的头发带正电，气球带负电，而相反的电荷之间具有吸引力。Senseg 在你的手指和屏幕之间创造了一个吸引力。通过对这种力的调节，可以模拟产生各种感觉，以给不同的形象赋予不同的纹理和质感。

想象一下，在智能手机或平板电脑上使用这种技术可以让我们在家中体验虚拟的动物园，并且能够感受到绵羊绒毛的柔软度。触觉现在可以与你在增强现实中看到的内容一一对应，虚拟形象不再拥有"玻璃感"。

日本富士通实验室是另一家从事触摸屏触觉体验的公司。在西班牙巴塞罗那举行的 2014 年移动世界大会上，该公司提出了触感平板电脑的原型，展示了该技术如何在触摸屏表面上模拟大大小小形状各异的三维结构。这次演示让人们亲身感受到了转动锁的咔哒声，沙子从指缝间流下的触感，以及手指在琴弦上拨动的感觉。

富士通实验室使用超声波振动来代替静电触觉反馈，依靠不同程度的脉冲力来让人们感受到触觉。超声波振动通过将手指从平板电脑表面推开来产生作用，借助于对强度的控制，它可以模拟各种纹理表面。低摩擦和高摩擦之间脉冲的快速变化可能产生粗糙或颠簸的感觉，而对应的物体表面可以通过感受高压空气层的流过以减少摩擦。富士通实验室计划将该技术商业化，网络购物将是其中一个典型的场景：你可以感受到自己想要购买的商品的面料了。

变形屏幕

Senseg 和富士通都选择在平面触摸屏上模拟触觉效果，但是如果触摸屏可以动态变形并且物理上取代所代表的图像或对象的形状呢？想象一下，我们可以用双手直接把虚拟对象和数据从 2D 显示屏拖到 3D 环境中。

GHOST（通用高度有机变形表面材料）是 2013 年由位于英国、荷兰和丹麦的四所大学发起的一个研究项目，主要研究可以触摸和感觉的可变形显示器。研究人员基于莱卡技术建立了一个平板显示器，与玻璃不同，它可以随意变形，并允许你直接触及对象甚至数据，如图 3-5 所示。

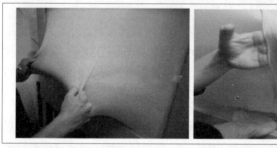

图 3-5：变性材料图示（http://www.kasperhornbaek.dk/papers/AVI2014_Gestures.pdf）

哥本哈根大学的项目研究员 Kasper Hornbæk 说："大部分的互动是通过屏幕的变化来实现的，而几乎所有的屏幕都是方形的。因此，我们想要探索可以有任意形状的屏幕——最好是它们可以自动改变形状。"这与 Victor 将电脑屏幕视为动态视觉媒介的想法不谋而合。动态视觉媒介可以直观地表现大部分事物，而一个动态的触觉媒介，也应该能够表现几乎任何东西，现在，我们拥有了一条通往实践的道路。

举两个例子，这种可变形显示技术可以允许外科医生进入虚拟大脑开展手术，并有着与现实生活中一样完整的触觉体验；也可以允许习惯使用粘土等物理材料的艺术家和设计师用手持续地重塑物体，并将其存放在计算机上。Hornbæk 表示，这种现实技术可以让你握住另一半的手，即使他身在另一个大陆。

哥本哈根大学研究团队的成员 Esben Warming Pedersen 解释了可变形显示技术与普通玻璃触摸屏工作方式的不同之处。" iPad 实际看到的只是你用来触摸玻璃显示屏的指尖部分。所以，当 iPad 试图找出我们触摸它的位置和方法的时候，其行为可看成是在一个平面坐标系上的定位。"而可变形显示技术则更为复杂：当你将手指按在显示屏上时，对应的传感器可以感知三维深度数据的位置和手指给屏幕的压力，如图 3-6 所示。Pedersen 正在努力开发相应的计算机视觉算法来读取这种三维数据，并采用对计算机和人类都友好的方式来表示，从而使其能够在人机交互中得到应用。

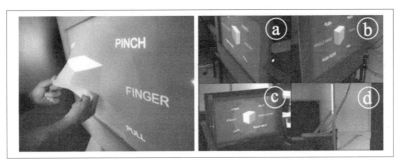

图 3-6：变形屏幕图示。右侧四台摄像机用于实时记录影像（http://www.kasperhornbaek.dk/papers/AVI2014_Gestures.pdf)

Pedersen 发现的另一个挑战是我们还不知道如何与这些新屏幕进行交互。他认为，当前我们常用的交互方式主要针对的是二维显示器，例如用两根手指往不同方向拖拉照片，照片会被缩小或放大；在屏幕上滑动手指，则将切换到另一张图片。但是如果我们把视线转向在三维空间中的手势或者改变物体形状手势，屏幕的使用方式则并不直观。Pedersen 正在进行用户调研，以寻找针对新屏幕的直观交互方法。

2014 年，Pedersen 和 Hornbæk 发 表 了《User-Defined Gestures for Elastic, Deformable Displays》[3]，这是一项充满不确定性的研究，其中要求参与者在可变形屏幕上用他们认为适合的手势来完成不同类型的任务，例如对象的选择、导航和 3D 建模。参与者建议的一部分手势包括将手穿过屏幕，用手掌向前平推，抓住物体进行扭转等，如图 3-7 所示。

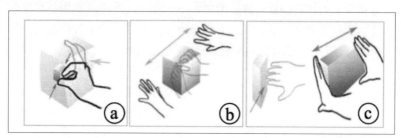

图 3-7：缩放三维物体的用户手势设计示例（http://www.kasperhornbaek.dk/papers/AVI2014_Gestures.pdf)

能触摸的不仅是屏幕

迪士尼实验室研发了一种截然不同的触觉感知方式，没有采用屏幕，而是探索其他的互动体验。2012 年，由 Ivan Poupyrev 和 Olivier Bau 开发了 REVEL[注1]，使得人工触觉不仅可以以屏幕为载体，还可以在包括家具、墙壁、木头、塑料甚至人体皮肤等各种日常物品上得到应用。

REVEL 利用了迪士尼实验室称之为反电动振动的新触觉技术。设备将弱电信号注入用户的身体，在用户手指周围产生振荡电场。当使用者将手指滑动到物体的表面时，就能够感觉到物体的纹理和质感。通过改变信号特性可以产生不同的触感。

哪怕是塑料物体平坦甚至滑溜的表面也可以产生粗糙的满是沟壑的感

注 1：*htttps://www.disneyre search.com/project/revel-programming-the-sense-of-touch/*。

觉。REVEL 可以应用于增强现实中，譬如为投影到桌子和墙壁上（或者通过 AR 眼镜看到）的虚拟对象添加纹理。在没有眼镜或投影的情况下，REVEL 技术也可以对现有的物品进行增强表现，例如允许用户透过博物馆的玻璃展示柜亲手感觉文物的纹理和质感——通常情况下，这些独一无二的脆弱文物是不允许触摸的。此外，REVEL 可以针对用户的需求进行定制，例如对个性化的私有内容进行展示，包括可以触摸的密码提示。

2013 年，迪斯尼研究实验室开发了《AIREAL：自由空气中的交互式触觉体验》[4]。不必佩戴或触摸任何物理设备，AIREAL 就可以在空气中提供触觉体验。这是通过使用空气涡流（空气环）压缩气体力场以对用户的皮肤产生刺激来实现的，使得用户能够看到并且感觉到投影的物体，如图 3-8 所示。

图 3-8：AIREAL 应用示例。恐龙出现在现实世界中，并带有相应的介绍 (http://aireal.io/)

AIREAL 的设计集成了深度图像传感器，用户的手、头部和身体将在三维世界中被跟踪以进一步交互。例如可以将 3D 蝴蝶投影在用户手上。用户的手和手臂的运动由 AIREAL 实时定位，相应调整空气旋涡的方向以模拟蝴蝶翅膀的震动。早期用户反馈指出，"这种互动方式为虚拟蝴蝶提供了令人惊讶的身体感觉"[4]，其中一位用户表示，"这种感觉非常自然，就像一只真正的蝴蝶给我带来的一样"。

UltraHaptics[注2] 也允许你在空中感受虚拟对象。与 AIREAL 通过在用户面上吹小气环来模拟触感不同，UltraHaptics 的核心技术是高频超声波。作为 GHOST 项目的一部分，布里斯托大学的计算机科学家在 2013 年开发了 UltraHaptics，并成立了一家创业公司以将此技术产品化。

UltraHaptics 利用红外传感器来跟踪用户手指在三维空间中的精确位置，使超声波能够准确地指向用户的手，并产生相应的触感。该公司设想了一系列技术应用，包括与 VR 游戏中的移动物体（可扩展到 AR）进行交互，以及汽车仪表板的空中控制。在家庭环境中，该技术可以在空中控制各种厨房用具，以避免在烹饪时弄脏双手。

该公司还在研究安全解决方案，包括与捷豹路虎合作开发其信息娱乐智能系统的空中触摸屏幕。该系统可以最大限度地减少驾驶员的眼睛和手停留在屏幕上的时间，以减少司机分心的情况发生。在交互区域内，UltraHaptics 解决方案能够对驾驶员的手进行定位和跟踪，系统会利用物理感觉来指示相应的链接。用户可以感觉到开关和按钮，在空中控制它们，并获得反馈以确认相应操作已经成功完成，而所有这些操作都不需要查看显示屏。

触觉通信

除了模拟控件或虚拟对象的触感，UltraHaptics 之类的交互系统还为我们的交互提供了其他的可能。苏塞克斯大学信息学系的科学家和讲师 Marianna Obrist 正在使用 UltraHaptics 来探索情感的沟通。Obrist 写道：

> 触摸是人类之间交流的强大手段。对交互式系统的设计需求正在不断增长，对面部表情和语音沟通之外的情绪表达的支持也越来越强。尤其是通过触摸传达和表现情感这一研究领域，为情感相关的沟通开辟了新的设计机会。

Obrist 指出了 UltraHaptics 这样的下一代技术如何能够通过刺激手中的

注2：*http://www.ultrahaptics.com/*。

不同领域传达幸福、悲伤、兴奋或恐惧的感觉。拇指、食指和手掌中间部分的空气在短时间内突然爆发将会产生兴奋感，而悲伤的感觉是由于手掌外侧和小手指周围区域受到缓慢和适度的刺激而产生的。

Obrist 举了一个假想的例子，早晨上班前，一对夫妇刚刚吵了一架。而在会议中，女人通过手镯感受到了传递到她掌心的温柔感觉。这种感觉安抚了她，告诉她自己的伴侣不再生气了。

Obrist 认为该技术的应用将十分广泛。它可以开辟新的沟通方式，不仅对盲人和聋人有用，也可以帮助所有人。它可以应用于一对一的相互交流，例如相距千里的夫妇或朋友之间的触觉交互系统，或者可以用于一对多的交流，为较大的群体（如电影院的观众）创造更加身临其境的观看体验。

Smartstones[注3] 是一家总部位于美国加利福尼亚州圣巴巴拉市的公司，它正在开发一种触觉语言系统，以为朋友和亲人提供一种不需要说话的交流方式。Smartstones 平台允许你配置消息库，并使用简单的触摸手势发送和接收消息。这种被称为 Touch 的硬件设备形状就像是河里的一块石头，可以作为吊坠或腕带佩戴在身上，或者握在掌心。每次收到消息，都将产生振动和发光模式的独特组合，被称为"Hapticon"，如图 3-9 所示。

每块"石头"包括蓝牙连接、陀螺仪、LED 灯、扬声器、电容式触摸屏（以识别和响应手指的轻微触摸）以及手势识别库。智能手机的配合并不是必需的，Touch 可以通过一个应用程序进行编码，以对特定的手势产生反馈。你可以使用它来创建自己的个性化通信系统，甚至发送秘密消息。当敲击两次时，这块"石头"可以告诉所爱的人"我想你"，当用拇指摩擦石头时，将传达你"感到焦虑"的信息。它能够识别的其他手势包括滑动、点击和摇晃。

虽然 Smartstones 这一设计可以被任何人使用，但该产品最初是针对患有中风或神经系统疾病（如 ALS）的老年人所研发的。Smartstones

---

注 3：*http://www.smartstones.co/*。

也引起了有自闭症儿童的父母的兴趣。该设备的初始目标之一是为不能口头沟通的人发出声音，让他们能够以简单的方式快速地进行交流，而无需长时间学习盲文或手语。"实际上，我们为许多人的理解和交流创造了一个不断发展的平台，"Smartstones 创始人兼首席执行官 Andreas Forsland 在《Augmenting life. Unlocking minds》[5] 中提到，"当前的重点是人与人之间的沟通——增强人类交流和发展的能力。更具体地，我们可以帮助具有语言障碍的人，如自闭症、ALS、失语症等人群，一般人群也可以从研究中得益。"使用手势，Smartstones 可以将数据从石头传递到石头，从石头传递成文字，甚至从石头传递成声音。

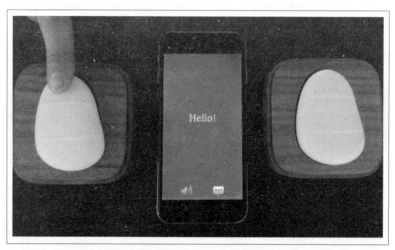

图 3-9：用户可以通过触摸石头来传递想法和情感（https://www.linkedin.com/pulse/augmenting-life-unlocking-minds-andreas-forsland/）

Obrist 和 Forsland 的工作都指出，技术将会使得更隐形化的数字通信模式成为可能。在新一代的互动模式中，我们的手将用于传递语言和情感。随着我们的日常生活越来越数字化，这些项目能够帮助我们重新获得（甚至重新定义）人的触觉，在虚拟时代，我们将赋予触觉更多创造性的意义，甚至设计一种全新的理解世界的方式。

新世界和新感觉

不仅仅是只用指尖触摸物体（不管它们是真实的还是虚拟的），如果你的整个身体都沉浸在故事中来感受各种角色，又将会怎样呢？ Victor 在《A Brief Rant on the Future of Interaction Design》[6] 中写道："我们拥有着整个身体的主控权，在未来的交互中，真的可以满足于仅仅一根手指的体验吗？"（见图 3-10）。

图 3-10：互动设计的未来想象（http://worrydream.com/ABriefRantOnTheFutureOfInteractionDesign/）

麻省理工学院媒体实验室的研究人员 Felix Heibeck、Alexis Hope、Julie Legault 和 Sophia Brueckner 创造了一本可以用整个身体穿戴和体验的书——《感官小说》。书的原型包括一个连接到电子书的触觉背心，允许读者通过生理反应来感受主角的情绪。可穿戴设备可以改变声音、照明、温度，可以使读者胸闷，甚至改变读者的心率，以反映书中主要人物的体验。

> "亨利，今天晚上去看《Feelies》吗？"助理预言员问道，"我听说阿罕布拉新上映的表演最棒。在熊皮地毯上的爱情场面被人们交口称赞。熊皮上的每一根毛发都被重现了。那是最惊人的触觉效果。"
>
> ——Aldous Huxley

《感官小说》的原型与 Aldous Huxley 的科幻小说《勇敢的新世界》（1932）相呼应，描绘了一种娱乐体验，使观众能够"感受"虚构的叙述。《感官小说》是一部将感觉与视觉和声音相结合的电影。电影观众将抓住椅子扶手上的金属球，从而感受到与屏幕上人物的动作相对应的触觉。

回到 Obrist 的想法，我们可以在电影院中使用触觉技术来创建更加身临其境的观看体验。我可以为她的研究想到几种应用场景，不仅仅是像在《感官小说》中一样，用于反映电影中人物的动作和环境，使人感觉到熊皮地毯毛茸茸的触感（如上文引用）；根据 Obrist 的研究，演员们的情绪状态可以通过短暂而尖锐的空气在观众的掌心中爆发，让观众体验到如同电影中人物一样的兴奋感。在没有视觉效果伴随的情况下，我们依旧可以拥有类似的体验——这一发现可以应用于音频或广播剧。这使得"情感触觉"(我想到的一个用来描述这个例子的术语，尽管它还不存在) 成为可能，我们通过这种全新的方式来与角色建立链接，与他们共情。看电影不再是仅仅通过视觉和听觉，我们可以通过触觉来体验到电影中人物感受到的一切。

Obrist、Forsland 和麻省理工学院研究人员的工作为我们展现了一种与故事中的人物形成更深层次联系的方式，这种非语言的方式可以为我们传递相应的情绪、心境、信息甚至故事。与人体的感觉相结合，为我们提供了一种新的方式来认识和理解。但是，我们要如何用这种感觉信息的方式来解释其他类型的数据呢？

感官替代

神经科学家 David Eagleman 正在努力以一种新的直观的方式来拓展人类感知数据的能力——通过特殊触觉背心来传递对信息的感受。

Eagleman 及其在斯坦福大学医学院感知与动作实验室的团队创建了 VEST[注4]（多功能超感觉传感器），这是一款可穿戴式设备，能够让聋

注 4：*http://www.eagleman.com/research/sensory-substitution*。

哑人通过一系列震动感受到语言，如图 3-11 所示。智能手机或平板电脑基于相应的应用和麦克风采集声音，然后通过蓝牙将这些声音发送给背心。背心将声音转换成佩戴者身体背部感觉到的对应振动。

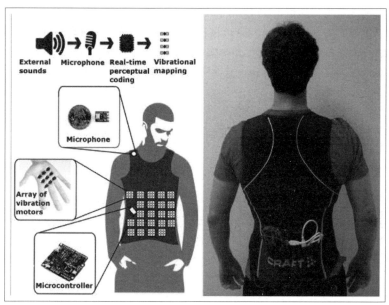

图 3-11：VEST 设计示意图（http://www.eagleman.com/research/sensory-substitution）

Eagleman 的研究为我们解决了一个重要问题，人们的感受是不能被解释为盲文的。正如他在 2015 年 TED 的演讲《Can we create new senses for humans》[7] 中所说：

> 佩戴背心时感觉到的振动模式代表声音的频率。人们感觉到的东西并不是一个字母或一个单词的代码——与莫尔斯电码不同，实际上传输给人们的是声音的表达。

Eagleman 认为 VEST 与可穿戴设备（例如 Apple Watch）是截然不同的。在可穿戴设备的设计中，常常分配不同的振动模式来表示不同的事物（例如，一组振动模式代表有新的微博，另一组振动模式代表有新的短消息）。

取而代之的是，VEST 使用了"感官替代"技术——信息通过不同寻常的感觉通道进入大脑，然后大脑自然知道该怎么做。这类似于我们在第 2 章中讨论的 EyeMusic 和 vOICe 这类产品，大脑可以通过特定的训练"看到"声音。在这些情况下，信号不是穿过视觉皮层，而是通过听觉皮层进入大脑，并传输到大脑的正确位置。VEST 采用类似的原理，对聋哑人进行感官替代。

Eagleman 和他的团队一直同聋哑参与者们一起对 VEST 进行测试。在他的 TED 演讲中，Eagleman 展示了 Jonathan（一名 37 岁的天生聋人）如何将复杂的振动模式翻译成对所说内容的理解，这仅仅是在使用该设备训练五天后。

Eagleman 及其团队对 VEST 的下一步研发重点是在听觉信息之外包含其他数据流，如股票市场数据或天气数据等。例如，如果股票市场的数据被转换成嗡嗡声，穿着 VEST 的人们可能开始觉察到他们对某些经济趋势有了直觉。

"我们不必再等待大自然母亲根据她的时间表来派发感觉的天分。"Eagleman 说，"相反，像许多优秀的父母一样，她给了我们需要的工具，我们应该走出去，找到属于自己的轨迹。"

所以，现在的问题是：我们如何用新的感觉（譬如触觉）来增强我们对世界的感知？

在第 2 章中，我们研究了增强现实技术如何通过新的方式来让我们感知周围的环境。在这里，借助于 Eagleman 对未来的展望，我们可以更进一步，不仅刷新视觉上的体验，还能够刷新整体的感受；结合触觉体验，我们将以前所未有的方式参与和了解周围的世界。基于可变形屏幕的技术发展，我们能够通过掌心中传来的振动来感应到另一个人；利用像 Eagleman 设计的这类触觉背心，我们可以对世界拥有全新的感性理解。另一件可以确定的事情是：增强未来不会再给我们"玻璃界面"的体验，一切都将是发自内心的。作为人类，我们居住在一个三维的世界，用整个身体与周围环境进行交互，但现有的技术往往把我们限制在二维平面上。将来，更强大的 AR 技术将使我们拥有身临其境的全方位体验，通过人类能力和数字技术的有机结合，增强现实技术甚至能够进一步扩展和增强我们的感官。

参考文献

[1]　Bret Victor, "A Brief Rant on the Future of Interaction Design." (*http://worrydream.com/ABriefRantOnTheFutureOfInteractionDesign/*)

[2]　"New Technology: Haptic Feedback for Touchscreens." (*https://youtu.be/FiCqlYKRIAA*)

[3]　Giovanni Maria Troiano, Esben Warming Pedersen, Kasper Hornbæk, "User-Defined Gestures for Elastic, Deformable Displays," (*http://www.kasperhornbaek.dk/papers/AVI2014_Gestures.pdf*) *Proceedings of the 2014 International Working Conference on Advanced Visual Interfaces*, (2014): 1–8.

[4]　Rajinder Sodhi, Matthew Glisson, and Ivan Poupyrev, "AIREAL: Interactive Tactile Experiences in Free Air," (*http://www.disneyresearch.com/wp-content/uploads/Aireal_FNL1.pdf*) *ACM Transactions on Graphics (TOG) - SIGGRAPH 2013 Conference Proceedings*, (2013).

[5]　Andreas Forsland, "Augmenting life. Unlocking minds.," (*http://www.linkedin.com/pulse/augmenting-life-unlocking-minds-andres-forsland*) *Linkedin*, June 5, 2015.

[6]　Bret Victor, "A Brief Rant on the Future of Interaction Design." (*http://worrydream.com/ABriefRantOnTheFutureOfInteractionDesign/*)

[7]　David Eagleman, "Can we create new senses for humans?" (*http://bit.ly/2hrqVXk*) TED, March, 2015.

第 4 章

音频和听觉世界

声音能够让我们融入周围环境，甚至可以让我们觉得自己身处另一个地方。通过听觉，我们可以拥有"心灵剧场"，用自己的想象力构建视觉元素，甚至时间旅行。很多场合中，我们已经对环境的声音进行了增强处理：忙碌的火车上，一位男士只听得到自己降噪耳机的嗡嗡声；在飞机起飞和着陆期间，一位女士只从耳机中听到她最喜欢的摇滚音乐。增强音频的未来不仅将帮助我们屏蔽生命中的"噪音"，还能够让我们拥有更有意义和影响力的声音体验。

"当人们谈论增强现实时，他们往往认为它是一种视觉效果，类似于将虚拟形象合成在镜头拍摄到的图像之上。确实，一直以来我们都是在视觉上体验增强现实，很少人认为声音也可以被增强，"Leigh Alexander 在《Dimensions Augments Reality Purely Through Sound》[1] 中提到。Michael Breidenbruecker（Last.fm 的联合创始人和 Reality Jockey Ltd 的创始人）也认为，虽然到今天为止，我们仍然可以将 AR 只理解为视觉效果，但音频可以为我们创造出高度逼真且灵活多变的体验，而不基于视觉上的增强。

声音可以与增强现实中的其他感官体验进行整合，也可以独立存在。它可以帮助你导航，帮助你接收信息，让你身临其境地沉浸在体验当中，通过新的交互方式激发你的想象力，又或者自定义周围的环境。本章探讨了这些领域中的各种可能，并讨论了"可听式"产品设计（能够挂在耳朵上的小型无线装置）——这是一个在日渐增长的可穿戴技术市场中越来越受欢迎的新类别。除了从耳朵上收集健康监测信息和健身活动的生理数据外，听众还可以进行新型的互动和交流，就像是拥有一个能够听取语音命令并作出响应的智能数字助理。

如影随形的增强音频漫步

精确导航到特定的位置、信息丰富的博物馆之旅或醍醐灌顶的冥想等都是以声音、摄录或直播的方式带领你进入一场旅途的例子。音频可以帮助点亮你周围的环境，伴随着人声或者音乐，引导着你的注意力聚焦在前方的道路上，又或者帮你指出那些可能不明显的东西。它可以打开一个宝盒，其中盛放着整个世界的新意识和新体验。

自 1991 年以来，全球知名的加拿大艺术家 Janet Cardiff 一直在创造令人回味无穷的音频漫步。Cardiff 在《Introduction to the Audio Walks》[2] 中讨论了她的作品：

> 音频漫步的格式与音频指南的格式相似。发给听众一个 CD 播放器或 iPod，告知听众站在或坐在特定的地方并按下播放按钮。听众便可以通过 CD 听到引导者的声音指示，如"左转"或"走过这个长廊"，这些声音被压制在音频背景上：引导者的脚步声、交通信号声、鸟类的叽喳声和预先记录的杂音——这些声音都存放在他们正在听到的同一个网站上。作为录音的重要部分，虚拟录制的音景必须和真实的体验相吻合，以创造一个新的世界作为两者的无缝组合。引导者的声音给出指示，同时也引入了各种想法和叙事元素，这些元素激发着听众完成漫步的欲望。

Cardiff 创造的音频混合现实驱动了这个领域的发展，人们开始尝试在公共空间中叠加亲密的场景，身在其中的听众可以拥有一份私密感。她在 2012 年发表于《纽约时报》的一篇文章 [3] 中提到，你可以将她的漫步作品视为一种"时间旅行"的形式。对于使用先进的技术来增强人们的音频体验，Cardiff 的工作成为了很好的先驱。

Detour[注1]是一家位于旧金山的创业公司，提供一系列位置感知增强音频漫步的体验，如图 4-1 所示。作为 Detour 的创始人兼首席执行官，Andrew Mason 认为 Cardiff 等人提供了巨大的灵感。他说："当我开始探索这个想法时，我做的第一件事情就是在世界各地进行旅行，以亲身采样不同的基于位置的音频体验。"这些体验在《Cardiff 步行穿过中央公园》[注2]、《布鲁克林的 Hasidic Soundwalk》[注3]以及 Fran Panetta 制作的《随意散步在伦敦》[注4]等文中均有提到。"这些经历告诉了我，位置感知增强音频这一技术极有潜力；我们可以创造一种全方位的感知体验，仿佛是将人传送到另一个世界一样，比通过任何其他媒介所体验到的都要接近真实。"Mason 说道。

图 4-1：Detour 带你游览旧金山著名的卡斯特罗街道（https://i.kinja-img. com/gawker-media/image/upload/tvkagpy3syjqhjykhmwz.jpg）

戴上你的个人耳机，打开 Detour 智能手机应用程序，当地向导的声音便会在你行走时自动进行引导。Mason 认为 Detour 与其他音频浏览应用程序是不同的，在 Detour 中你可以随时随地使用手机或者单击

注 1：*https://www.detour.com/*。
注 2：*http://www.cardiffmiller.com/artworks/walks/longhair.html*。
注 3：*http://www.soundwalk.com/#/TOURS/willamsburgwomen/*。
注 4：*http://www.hackneyhear.com/*。

地图上的标记播放相应的内容。在《麻省理工学院技术评论》[4] 中，Mason 提到："我们想要达成的目的是让人们拥有融入那里的感觉，好像那个社区中的人和你在一起一样，而技术将会使这样的无缝融合成为可能。"借助音频这种交互方式，我们可以将设备收起来放进口袋中，无需屏幕便可以自由地了解身处的环境，全身心享受私人导游带来的冒险体验。

Detour 与普通音频导航的另一项不同之处在于，这项技术始终关注你在整个体验中的位置；它可以动态地按照你的步伐、当时的时间甚至是天气来调整旅途的进展。当你到达自己感兴趣的场所时，无需按"播放"按钮，它便已经知道你在那里，并可以对你的动作做出反应。为此，Detour 在智能手机中使用了 GPS、iBeacons 和其他传感器对位置进行精确测量。iBeacon 是苹果推出的蓝牙低功耗（BLE）无线技术实现，旨在为 iPhone 和其他 iOS 设备提供基于位置的信息和服务，它可以用于对可能不可靠的 GPS 信号进行补偿。信标（beacon）本身是可以提供接近传感器服务的小型廉价蓝牙发射器。iOS 应用程序会侦听这些信标传输的信号，并在你的手机或平板电脑进入服务范围时进行相应的响应。当您到达兴趣点时，iBeacons 与 Detour 应用程序合作，自动触发特定的用户故事。除了 iBeacons 之外，Detour 还使用了手机的加速度计来检测用户的移动和步伐，并用磁力计感知面对的方向。

增强音频带来共情和理解

Detour 的目标是"帮助人们很快理解那些常常覆盖着不可穿透的隔膜的地方，真正感受到它的一切"，Luke Whelan 在《This New App Will Change the Way You See Your Neighborhood》[5] 中 提 到。在 The Tenderloin Detour 中，Detour 可以带你亲密的散步，就像完全融入了 Tenderloin 区域（旧金山最容易被误解且变化最快速的社区之一）一样，让你看到它被大部分人所无视的那一面。在音频漫步时，你不仅可以聆听在那里生活和工作的人们的故事，还可以走进他们睡觉的教堂，或者住在他们所居住的单身酒店。Detour 的制片人 Marianne McCune 说："我认为，经历别人已经走过的路，可以让人们更多地了解甚至亲身体验到别人的感受。"

McCune 担任了 15 年无线电台的记者。她在 WNYC 纽约公共广播电台上发起了一个青年广播节目"Radio Rookies"，让在贫困社区长大的青少年们讲述自己的故事和他们的世界。McCune 描述了该计划目标的一部分为"让他们讲述自己认为对听众有重要意义的故事（虽然这些听众与他们几乎没有共同点），可以便于 WNYC 的普遍受过良好教育的听众能够更好地理解他们的世界"。她推荐了一位十几岁的电台新秀 Shirley"Star"Diaz，并定义了一些常常会让人们难以回答的话题，"但是当你认真倾听的时候，会觉得自己就在她的生活环境中生存，已经足够了解她的观点，"McCune 说，"我相信，她正在用自己的方式引导听众穿过她的世界，让人们透过她的眼睛看到一些东西。所以，听众们和她是在一起的，当他们能够理解她的生活的时候，便是他们能够理解她的时候。"

McCune 表示："我认为，Detour 有可能让我们更深层地从其他人的视角看待这个世界：它允许你真正走进其他人的生活。"她拿出来自体验过 Tenderloin 区域之旅的人的一封信。"我的几个同事和我对此很感兴趣，因为我们的办公室正好毗邻 Tenderloin 区域，但是显然我们对这个社区没有做太多探索，"信中写道，"当我们走进圣博尼法赛教堂时，令人最有感触的时刻降临了，我们看到所有的无家可归者都睡在了教堂长椅上。我们捐献了一些咳嗽糖浆，并与一名志愿者进行了交谈——这个志愿者自己便是一名痊愈的瘾君子。"音频漫步带来了一场别无可能发生的对话，给听众创造了一种革命般的效果。合上这封信之后，"像这样一个小小的捐赠，一场和志愿者的交谈，这么简单的事情就可以完全改变你对整个社区的看法，这是令人惊讶的体验。"McCune 评论道，"我认为，不管是音频，还是漫步，都允许我们走进其他人的生活，推动我们穿过通常不会被越过的界限。"

增强音频具有打破隔膜的力量，可以帮助促进共情和理解。它可以鼓励你不仅通过别人的观点来看世界，并且可以物理上在现场体验它。它可以激励你采取行动，改变我们在现实世界中的生活，甚至为我们展开一次与通常不会搭理的人的对话。

虚拟现实中也正在探索使用技术帮助同理心发展的途径。《锡德拉湾上的云》（2014）是联合国组织和电影导演 Chris Milk 合作的一部 VR 电影，讲述了一名 12 岁的女孩，名叫 Sidra，住在约旦的叙利亚难民营的故事。这部电影于 2015 年 1 月在达沃斯举行的世界经济论坛上放映，对举手投足之间影响数百万人生活的领导人的决策产生了一系列影响。据 Milk 指出，除了这种方式外，这些人可能并不会有机会体验在约旦难民营的帐篷里的生活。

当带上 VR 设备观看《锡德拉湾上的云》时，你正在环顾 Sidra 的世界——这是一种全方位的、360 度的体验。你并不是在通过电视屏幕看她，你正坐在她的房间里，听着她的声音，仿佛你就在那里，她的世界也成为了你的世界。当你低下头时，能够看到自己正坐在和她同一片土地上。"就因为这样，"Milk 说，"你更深入地感受到了她的性格和她的体验，与她进入了更深层次的共情。"[6]

尽管虚拟现实技术特别适合让人们体验到那些难以物理上亲身进入的环境，但增强现实技术可以通过 Detour 所展示的方式进一步促进共情，尽最大可能鼓励你在现实世界中与实际环境进行交互。Mason 与 Detour 的目标之一是让人们走出去，探索周围的物理世界。"这么多公司似乎都为人类设想了一个共同的游戏结局：你坐在客厅的沙发上，吃完刚刚送到的外卖，收起从洗衣房里面拿出来的衣服，再和虚拟现实 Oculus Rift 中的朋友聊聊天。"Mason 说，"也许我是一个守旧的卢德分子，但我有点喜欢真实生活中那些棱角。我想让 Detour 成为一个能够帮助人们走出去围着篝火跳舞的公司。"[7]

大部分旅游行程都像是一篇新闻稿，因为它们讲述了有关历史、人物和环境的真实故事。Detour 也利用它的增强音频漫步为我们讲述了一个故事，或者说一个难题：旧金山的垃圾战争。这座城市有一个称为"零废弃"注5 的计划，目的是在 2020 年之前不向垃圾填埋场或焚化炉送去任何东西，这意味着重新利用或回收旧金山居民扔掉的每一样东

注5：*http://www.sfenvironment.org/zero-waste*。

西。Detour 不是简单向你展示垃圾填埋场或垃圾堆这些场所，而是通过引导你走过日常生活中的每一个旧金山的角落，让你思考我们每天产生了多少垃圾。Detour 改变了我们通过音频感受世界的方式，并有希望在行程结束后激发长期可持续的转型。

为盲人在城市中导航

像 Detour 和 Cardiff 这样的增强音频漫步技术可以让你深入了解所处的环境，甚至可能发现另一个前所未有的感官世界。但是，那些可能需要依赖这种技术来帮助他们日常生活的人呢？微软的"城市解锁"是为视力不佳的人们开发的一种新的声音技术，可帮助他们在城市空间中自由行动。

"这个项目的灵感来自于我女儿的出生，"微软的 Amos Miller——一名视力障碍者说。"我想要带她出去玩一天，又或者带她去看电影；我不停地思考，自己应该怎么做，才能消除做那些事情时的犹豫。"他在《三维声景展示》[8] 中详细描述了导航系统是如何"通过声音来描述世界，类似于灯塔通过光来为我们引路"的，以及如何消除对新旅程的恐惧。

佩戴着连接到智能手机的骨传导耳机，你会听到指导你并为你描述周围环境的声音。骨传导设备位于颚骨上方，可以通过振动将声音从颚骨传播到内耳。这样，用户依旧会听到周围的噪音，而不是被耳机屏蔽了周围的环境。位于耳机背面的小盒子包含加速度计、陀螺仪、指南针和 GPS 芯片，以跟踪你的位置和一举一动。该系统连接到智能手机，通过 GPS 和微软必应地图的位置和导航数据提供导航服务，类似于 Detour 等放置在城市地区的蓝牙信标网络也将提供协助。

定向音频技术可用于创建三维声景，使得导航方向和地标的描述听起来像是从它们实际所在的地方传来的。如果你的兴趣点在前方 10 米处偏右侧，那么这里听起来就会像是声音传来的地方。除了转弯时相应的声音指向外，导航过程中还集成了音频提示，例如发出跃马奔腾的声音，以表明你在正确的道路上；或者当你正在接近路边时，用低沉的号角声提出警告。你甚至可以向系统询问有关本地景点的详细信息，譬如开放时间等，所有这些信息均可以通过语音或物理遥控器从必应数据库中获取。微软另外还开发了一个名为"CityScribe"的综合应用程序，使人们能够在大多数地图服务不能监控的城市中标记障碍物，例如公园长椅、低矮的突起、垃圾箱或街头家具等。

Kate Riddle 是微软耳机的试用者之一。Riddle 的视力严重受损，她表示这项技术可以让她在去新的地方时不必感到焦虑或失控，在此之前，她必须依靠自己的记忆，遵循相同的路线到同一个地方。"在需要去不熟悉的环境时，这项技术极大地减轻了我的压力。"她表示[9]："这项技术非常振奋人心，它让旅途变得令人享受而不再是苦差事。不再是'走出去，因为你不得不'，现在是'走出去，因为我可以'。"对于像 Riddle 这样的人来说，这项技术可以真正地改变生活。

"解锁城市"的用户也可以扩展到一般人群。在微软的一段视频注6 中演讲者指出，我们很容易想象，在不久的将来，人们会面对各种各样的日常挑战，在其中每个人都用得到这项技术，比如试图找到离某个大型购物中心最近的卫生间，或在不会任何当地语言的情况下探索一个新的城市。该技术不仅可以引导你前往感兴趣的地方，还可以通过提供在物理世界中更深入的沉浸体验，让人们更好更自信地适应环境。

为每个人定制美好

音频是"解锁城市"整体设计的一个方面。人机交互（HCI）先驱和微软首席研究员 Bill Buxton 表示：这个项目中他最喜欢的那部分不是技术，而是当技术全部消失的时候，佩戴者拥有的那一段时间。"最好的技术是看不见的。它只是让我继续我的生活。"Buxton 说[10]，"与技术的互动应该是自然而然的，用户不是作为设备操作员存在，而是作为人类而存在。他或她不是走在街上操作新技术，而是打算去上班、呼吸新鲜空气或锻炼身体。"

注6：*https://youtu.be/BEzncMLLOxE*。

对于 Buxton 来说，伟大设计的关键很简单：如果能够了解高度特殊化用户的需求并进行设计，那么最终的结果通常会让每个人都满意。他解释道 [10]：

> 作为一位互动设计师，对我而言，我的关注重点总是人类的体验质量。我很早就发现，如果你想了解一些东西，最好的方式是尝试在极端的情况下体会那些边缘案例。在几乎所有的时候，你在极端案例下学到的东西也适用于一般人群。

在参与 Buxton 的工作后，我很幸运能够在 2013 年在多伦多与 Buxton 合作开展了一个名为《大规模变革：全球设计的未来》的项目。Buxton 是 Bruce Mau 设计公司的首席科学家，在人机交互方面与我们分享了许多价值连城的见解，甚至为项目的展览贡献了他个人的收藏——跨越 30 年的交互设备注7。我们请他详细说明在"极端情况"下设计的想法 [11]，以使每个人都受益。他回答说："'城市解锁'是把声学增强现实的一般情况向前推演的一个例子。"同时，Buxton 引用了他最喜欢的参考文献——1987 年 Frank Bowe 发表的《Making Computers Accessible to Disabled People》[12]。

Bowe 写道："如果不同用户的选择都能够被纳入所有计算机的设计，数百万残疾人的生活体验可能会大大增强。"建筑设计是大家最熟悉的可访问概念，例如自动门、入口设计与外部景观美化。Bowe 说："这些设计对我们来说似乎是自然的——尽管它们看起来好像是专为残疾人而设计的。"他举了轮椅专用斜坡的例子，观察了使用者的情况，有十个健康人利用了它：有婴儿车的父母、骑自行车的人、家具搬运车和发现走上坡比爬楼梯更容易的行人。

Bowe 指出，行业已经开始意识到，为满足残疾人消费者的特殊需求而开发的技术对每个人都是实用的。他强调，1987 年为了识别和理解人类的演讲而开发的电脑，同时也使不愿意使用键盘的高层领导或者双手被其他工作所占用的人员（如工厂装配线上的质量检查员）受益。我问 Boxton，自三十年前写了这篇文章以来，他是否认为新技术的设

注 7：*http://chi2011.org/progrm/buxtoncollection.pdf*。

计需求已经发生了改变。他的回应是："通过设计，借助多种新技术来应对复杂的解决方案可以降低使用难度，反之亦然。"在设计增强现实技术体验的未来时，需要考虑的重要一点是低使用门槛，从而能够帮助尽可能多的人。

声音将你环绕

在虚拟现实中，技术人员正在使用声音来提高虚拟环境的可信度，使用户感觉真实。我们将会在增强现实中体验到更多的声音——从声音效果到语音互动——以提升体验。Cardiff、Detour 和"城市解锁"这些体验均融合了你身边现实的物理环境与虚拟的世界，由引导你的声音带领你踏上旅程。除了导航，声音也有助于增强现实中的故事叙述和娱乐体验。

杜比的 VR 和 AR 总监 Joel Susal 说 [3]："虚拟现实中的音频不是奢侈品，而是必需品。"他指出，在物理世界中现实并没有一帧一帧的画面展现，而是让我们能够全方位地体会周边环境。在 VR 中，我们需要同样的信号刺激。不像在传统的电影中，我们的注意力可以被集中在屏幕上的某些点上，三维环境需要的不仅仅是视觉刺激。"你的耳朵会引导你的大脑，"Susal 说：这就是为什么声音定向是如此重要。声音使得人们可以更好地沉浸在虚拟现实中，让电影制片人能够真正带领你去体验故事。和"城市解锁"使用空间音频提示来引导佩戴者一样，这种模拟来自不同位置声音的技术可以应用于 VR 和 AR 来产生相同的效果，以帮助吸引用户在故事叙述或游戏体验中的注意力。

佩戴着类似微软的 HoloLens（配备两个靠近耳朵的小扬声器）的 AR 眼镜时，当你的头部和身体远离声音发出的地方，声音将会相应地进行调整；若你转身背向声源，声音将从后面传来，如图 4-2 所示。类似地，当你靠近虚拟发声对象时，声音会变得更大。这有助于使虚拟对象看起来更真实。例如，在玩一个增强现实游戏的时候，你将能够听到一条虚拟的龙正在朝着你的方向前进，它的咆哮声传到了你的左耳中。

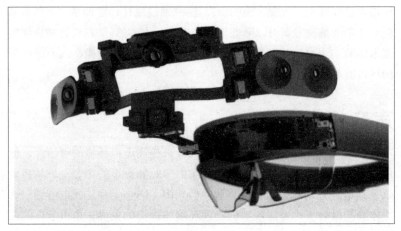

图 4-2：微软 HoloLens 拥有一系列传感器，能够实时监测你的周围环境
(https://www.microsoft.com/en-us/hololens/hardware)

HyperSound[注8] 的音频技术提供了创造沉浸式效果的另一种方式。像手电筒发出的光束一样，Hypersound 使用超声波在窄束中引导声音，并将其限制在特定位置，以创建精确的音频区域。在音频区域之外的听众听不见任何声音，而对于频道内的听众来说，效果类似于用耳机听音乐。现在，我们可以在公共场所创建私人听觉区域，并将声束投射到目标位置。例如，麦当劳正在一个试点计划中尝试着使用 HyperSound，将电视声音引导到餐馆的特定桌子，让用户在不打扰他人的情况下观看节目。这项技术的使用范围包括零售商品展示[注9]、博物馆建设和游戏体验[注10]。

BoomRoom[14] 是奥胡斯大学计算机科学系副教授 Jörg Müller 创建的一个原型，它提供了一种在空中直接与虚拟声源交互的新方式。Müller 和他的团队创建了一个直径三米的小房间，其中窗帘后隐藏着由 56 个扬声器组成的一个环。利用计算机视觉和手势跟踪技术，可以静态分配或移动声源的位置。

注 8：*http://hypersound.com/home.php*。
注 9：*http://hypersound.com/retail.php*。
注 10：*https://youtu.be/82b2Bl-kA28*。

技术团队建立了空间音乐混音室作为系统应用。它可以将音乐曲目分配给房间中的物体，比如说一个花瓶。需要播放音乐的时候，你只需要拿起花瓶，在空中"倒出"一条轨迹。做出分开双手或者并拢双手的手势可以操纵音量、重音和低音。

Müller 写道："我们认为，在空中'触摸'声源并使相应物体'发言'的能力为人机交互打开了许多新的机会。"例如，他描述了一个大理石应答机，看起来就像是普通的碗装满了大理石：

> 当从碗中取出一颗大理石时，石头本身可以播放录制的信息，也可以被带到另外的空间里。如果用户想删除该消息，她可以简单地把它从大理石中拿出来，然后扔到垃圾桶里去。她甚至可以对着大理石回复语音——这条语音会直接反馈给呼叫者。如果她想保留这个信息，可以把大理石放在另一个碗里。

现在，大理石本身当然不能播放声音，这是幻觉。大理石只是普通的石头，隐藏在墙壁上的扬声器发出声音，给人的感觉像是来自大理石一样。Müller 说："这个想法是，所有的物体本身都是完全正常的，并没有黑科技嵌在里面。"

在另一个例子中，Müller 描述了一些停在房间某处或飞过头顶的鸟群——它们象征着未读的电子邮件，新的电子邮件在用户面前和身边飞行，紧急邮件从用户的头顶飞过，它们都用定向音频做好了标记。可以通过鸟的啁啾声来识别不同的发送者。如果用户想要阅读消息，她可以走向小鸟，在空中触摸它，这封邮件就会被朗读。用户也可以通过抓住和操纵鸟儿来回复或转发电子邮件。

增强音频技术可以为我们与日常生活的世界互动创造新方法。并不一定需要和大理石应答机或鸟儿递送电子邮件一样，我们可以为这前所未有的新兴媒体设计新的互动范式。这些对典型而平凡活动展开的富有想象力和艺术性的探索，正激发着我们重新思考如何与信息进行交互，以及我们可以根据这一独特的渠道发明哪些新的体验。

为了让 BoomRoom 真正走入我们的日常生活中，下一步努力的方向是用更经济的方式将扬声器面板集成到房屋的墙壁中。目前，这个原型为我们打开了一扇华丽的门，让我们开始思考如何应用增强音频进行沟通，并以物理方式（身体动作）与我们周围的环境进行互动。

声音的想象，声音的游戏

日本的可穿戴技术创业公司 Moff Band[注11] 设计了一款适合儿童使用的可穿戴设备（可在亚马逊上购买），允许人们使用手势与声音来演绎富有想象力的游戏和故事。手环可以通过蓝牙连接到智能手机或平板电脑的应用程序，并使用其内置的加速度计和陀螺仪传感器来检测儿童所做的动作。所选择的声音效果可以针对孩子的动作实时播放，包括气泡咕噜声、吉他声、忍者挥剑声以及其他运动产生的声音。Moff 手环可以检测两个独立的动作：手臂左右挥舞，或者上下挥舞。哪怕使用者在距离设备 30 英尺远的地方，发声设备仍然能够正常工作。

两个孩子（或大人）可以带上 Moff 手环一起玩耍。例如，假装正在打网球，当你在空气中摆动假想的球拍时，你可以听到网球在空中刷刷掠过的声音。你也可以听到虚拟人群欢呼的声音。Moff 手环将技术与身体活动相结合，它通过自己的音效来鼓励孩子们自由运动、跳跃转身。

Moff 手环与美国 PBS KIDS[注12] 合作推出了 PBS KIDS 聚会应用程序。这项针对 5～8 岁儿童开发的活动旨在通过（戴着手环时）富有想象力的游戏和运动来促进学习。该应用程序包括 Freeze Dance 游戏、Piñata 聚会游戏、计数游戏以及录音能力。

Konstruct[注13] 是 James Alliban 从 2011 年开始设计的的增强现实体验，由伦敦公司 String 提供技术支持，它允许你使用声音结合智能手机来建造虚拟雕塑。这是使用增强音频的一种截然不同的方式，声音不仅仅用于支持视觉效果，还可以使虚拟体验更加形象，Konstruct 可以基于你的声音生成抽象的视觉效果。像 Moff 手环一样，它能够响应你的

注 11：*http://www.moff.mobi/*。
注 12：*http://pbskids.org/*。
注 13：*http://apps.augmatic.co.uk/konstruct*。

操作——不管是通过说话、吹口哨或对着设备的麦克风吹气。你可以组合各种 3D 形状、颜色和其他不同选项来构建无穷无尽的虚拟结构，噪音的大小也会影响形状的大小，如图 4-3 所示。

图 4-3：Konstruct 能够把音频操作转换成抽象视觉效果的实例（https://itunes.apple.com/us/app/konstruct/id426861175?mt=8）

Moff 手环和 Konstruct 都能够创造出有趣的场景，以充满想象力的方式来操作声音，从而获得灵活多变、自由配置和个性化的独特体验。能够让用户身临其境的原因之一是因为用户自己指导和定义了体验。

增强音频和个性化

RjDj 是由 Last.fm 联合创始人 Michael Breidenbruecker 于 2008 年创立的伦敦创业公司，开发了一种称为反应式音乐的非线性音乐形式，它能够使用智能手机应用实时对听众及其环境进行响应。戴着耳机时，听众所处环境的声音由其智能手机的内置麦克风收集，实时重新混合，结合听众和其背景为其创建独特的个性化音轨。虽然 RjDj 在 2013 年关闭其网站并将其应用下线，但其创新工作仍然与今天增强音频的发展息息相关。

我们都熟悉个性化播放列表（Last.fm 提供了这样的服务），但是 RjDj 的设计远远超越了播放列表，它实际上能够个性化音乐和歌曲本身，以对用户和其周围环境做出响应。Breidenbruecker 提到 [15]："音频技术用了差不多十年的时间来实现我一开始对 RjDj 的设计。"

RjDj 的应用程序基于 iPhone 所引入的新互动方式进行了开发，结合其集成组件、传感器和设备固有的可移植性，创造了以前不可能实现的音乐体验。RjDj 的首席创意官 Robert Thomas 解释了其应用背后的技术：

> RjDj 的应用程序全部基于开源软件 Pure 提供的数据。RjDj 开发了自己的 iPhone 端口。针对增强声音体验，我们拥有了自己的工具库。从传感器的角度来看，我们几乎能够在 iPhone 上使用每一个传感器，包括移动、时间、天气、位置等，当然还包括麦克风——用于分析音频的响度和频率。

当前的增强音频应用程序（类似 Detour 这种）同样可以利用智能手机传感器来提供结合环境的体验，比如实时了解你在旅途中的位置以及基于所在位置为你推送特定的内容。除了智能手机，我们也很高兴看到传感器技术能够应用于其他形式的可穿戴设备，譬如 AR 眼镜等。在未来的 AR 体验中，传感器将发挥重要作用——提供个性化内容，使你能够以新的方式与环境更好的同步。

Here One注 14 是来自可穿戴设备公司 Doppler Labs 的最新产品。由一对无线耳塞组成，可以通过蓝牙连接到智能手机应用。Here One 可以实时对环境声音进行操作，以创建个性化的音频体验。

在第一个版本中，Here One 针对的是音乐家和音响发烧友。你可以根据自己的喜好，利用应用程序中的控件——包括重奏、中频、低音和其他音效（如混响、回声和法兰）——调整音频，甚至可以重放现场演奏的音频。"Here One 并没有使用流媒体或者播放录制的音乐，"Kraft 在《Here Active Listening》[16] 中解释说，"与众不同的是，内嵌的数字信号处理器通过提供音量旋钮、均衡器和各种音效，来呈现现实世界音频的效果。"

注 14：*https://hereplus.me/*。

Kraft 设想：下一版本的 Here One 系统能够提供特定的频率和音调，以产生现实世界中的噪音，如婴儿哭泣声或者火车鸣笛声。在这方面，像 Steve Mann 描述的那样，我们可以将 Here One 视为一种"调制现实"（像第 2 章中所提到的那样）或者"一个自创的个人空间"；而这里强调的是声音并非视觉。调制现实并不会将我们与现实世界彼此分离开，像 Here One 这种设计可以用来聚焦重点、减少分心或者关注用户感兴趣的声音，譬如在嘈杂的餐厅中用于放大与你共餐的人的噪音。

对于 Kraft 来说，Here One 的未来将会与上下文相关；他在《Holding the Internet to Ransom》[17] 中解释了自己对这项工作的展望：

> 我们把它看作放在耳边的一个新装置，你可以根据不同的环境对此进行优化。我们正在研究的机器算法实际上是很直观的。想象一下，当你走进一家餐馆，通过地理位置定位和启发式搜索以及机器了解到你的身份信息；我们可以说，你好比尔，我们知道的第一件事情是你的噪音偏好。大多数时候，你走进餐厅，你会调低百分之十五的音量。我们也了解这个房间，因为你在房间的左后角落，你背后的两面墙将会形成混响。与此同时，由于你已经将其置于交谈模式，我们将使用定向麦克风来降低环境噪音，使你想要密切关注的（后方角落里的）对话在这个环境中完美呈现。

Kraft 把虚拟现实视为一种隔离技术，将会"使你脱离现实"。像 Mason 对 Detour 的设计一样，他希望你可以更好地沉浸在现实中。Kraft 相信，在未来"和今天不同的是，屏幕上不会再出现你的脸"，我们正在以更强的方式充分利用自己的感觉和潜能，无论是消除噪音，或是用语音命令唤醒智能助手。

无处不在的听觉设备

听觉设备或像是 Here One 这种基于耳机的智能设备，为我们创造了一种新的方式来聆听以及与环境进行互动。同 Kraft 指出的那样，听觉设备使得你周围的环境也可以通过语音交互来获得指令。语音是最常见的沟通方式，我们已经熟悉并习惯了携带有线耳塞或者蓝牙耳机，这为听觉设备更快发展奠定了良好的基础。耳机制造商 Monster 的创始人兼首席执行官 Noel Lee 在《Forget the iWatch. Headphones are the original wearable tech》[18] 中表示：耳机是"首先为大众所接受的可穿戴设备"。目前的发展趋势是技术隐形，耳朵提供了一个很好的选择。

摩托罗拉的智能耳塞 Moto Hint 于 2014 年首次推出，它隐形的设计可以让佩戴者在任何地方和任何时间进行语音输入。Moto Hint 是一枚可以放入耳朵中的耳塞，能够兼容任何支持蓝牙的智能手机或平板电脑。它包括扬声器、触控面板、双重降噪麦克风、可充电电池和红外距离检测器，以便设备在置入耳朵时自动打开。

Moto Hint 可用来拨打和接听电话，或在 150 英尺范围内收听博客或音乐的内容。但无线耳塞最强大的功能是你可以通过语音与 Moto Voice、Google Now 或 Siri 等智能个人助理进行交互（增强个人助理的未来将在第 7 章中讨论）。无需把注意力放在手机上，用户就可以自由提问并得到答案，如"今天需要带伞吗？""我的下一个约会是什么？"或"我离家有多远？"。当 Moto Hint 与摩托罗拉智能手机（如 Moto X）成功配对后，它将进入监听模式，用户可以通过说出手机的自定义语音提示与耳机进行交互。但是，当连接到 iPhone 或其他 Android 设备时，不能只是通过语音操纵，而需要点击提示来激活 Google Now 或 Siri。虽然 Moto Hint 并不完美，但它在全球范围内带动了这种无需双手的交互体验的发展，让我们不再总是需要低头看着屏幕。

在 2016 年，苹果推出了 AirPods[注15] 无线耳塞。用户可以通过双击 AirPods 来访问 Siri，而不用将 iPhone 从口袋中取出。AirPods 可以自动连接到 Apple 设备（如 iPhone 和 Apple Watch），并在设备之间进行实时的声音切换。在 AirPods 宣传片中，苹果公司首席设计官 Jony Ive 表示："我们正处在真正的无线未来的开始。多年来，我们一直在努力，让技术可以实现你与设备之间的无缝自动连接。"

在未来，听觉设备的能力将得到进一步扩展，以创造更多的个性化体

注 15：*https://www.apple.com/ca/airpods/*。

验；它们将不仅能够监听你的声音，而且能够监听你的身体。佩戴在耳朵中的装置也可用于收集生物特征信息，包括血压、心率、心电图和体温等。Valencell[注16] 是美国的一家公司，正在开发用于可穿戴设备的生物识别传感器技术，其中包括能够从耳朵收集生理数据的 PerformTek 耳塞传感器模块。

该技术使用光学体积描记术（PPG）——一种无创光学技术，来收集用户的血流和活动数据。PPG 借助照射在皮肤表面的光线，利用光学检测器来测量来自皮肤和血管的散射光的变化（在医院中，这通常依靠夹在指尖的设备完成）。

Valencell 已经将其 PerformTek 传感器技术授权给消费电子制造商、移动设备和配件制造商、运动健身品牌以及游戏公司等，以集成到产品中。已推出的耳戴式产品包括 LG 的心率监测耳机[注17] 和 iRiver 的 iRiverON 心率监测蓝牙耳机。在听音乐的同时，iRiverON 可以通过跟踪你的生物特征（包括心率、燃烧的卡路里以及运动的速度和距离）来帮助你"更智能地运动"。例如，在跑步之前，将它放入耳朵并连接到智能手机。在运动过程中，设备能够通过耳机收集你的生物特征。其语音反馈系统会通过你的耳朵告诉你此时的心率区间以及是否达到了设定的卡路里目标。收集到的数据将被实时传送给智能手机端的应用程序，以便稍后查看。

听觉设备的发展机会并不局限于健康和健身行业。在游戏行业耳机的使用十分普遍，而具有生物特征传感器技术的耳塞将会改变我们玩游戏的方式。Valencell 首席执行官兼共同创始人 Steven LeBoeuf 认为，未来身临其境的游戏体验将离不开生物识别技术。一些可能的设计包括使用心率作为关键控制的健身游戏，需要在人物游泳时相应控制呼吸的动作游戏，以及能够根据用户的心情或压力状态在不同游戏模式之间切换的健身游戏等。"借助于生物特征技术，通过心率变化监控，可以实时掌握玩家的情绪状态，使得游戏可以在玩家无意识的

注 16：*http://www.valencell.com/*。
注 17：*http://bit.ly/2vsQAVe*。

情况下有助于压力管理。"LeBoeuf 在《How Biometrics Could Change Gaming in 2014》[19] 中表示，"例如，玩家可以通过改变自己的情绪状态，用意念将身体从 Bruce Banner 转变成绿巨人。"

正如我们所看到的那样，在本章的所有例子中，增强音频为我们带来的不仅仅是声音，还包括对内在体验的创造；这一切推动着我们大步走向真正的导航、娱乐或健身；也允许我们在情感上通过共情、故事和游戏的力量来使我们的体验更进一步。每个例子都使人沉浸在聆听或者被聆听的世界中，通过对上下文的理解实现个性化体验，将使用者与地点、事件或人物进行更深层次的链接。增强音频将我们的注意力引向周边的环境，我们可以选择是否与之同步。在增强现实中，音频技术的未来不仅包括使用音频来补充视觉效果以增强可信度，而且还包括结合音频技术与其他增强感官相互作用的独特方式进行探索。

参考文献

[1]　Leigh Alexander, "Dimensions Augments Reality Purely Through Sound," (*http://ubm.io/2v2hPnq*) *Gamasutra*, November 23, 2011.

[2]　Janet Cardiff, "Introduction to the Audio Walks." (*http:www. cardiffmiller.com/artworks/walks/*)

[3]　John Wray, "Janet Cardiff, George Bures Miller and the Power of Sound," (*http:nyti.ms/2vsR8ud*) The New York Times, July 26, 2012.

[4]　Rachel Metz, "First Groupon Founder, Now Tour Guide," (*http://bit.ly/2u3UHDv*) MIT Technology Review, March 6, 2015.

[5]　Luke Whelan, "This New App Will Change the Way You See Your Neighborhood," (*http://bit.ly/2unquyx*) *Mother Jones*, November 13, 2015.

[6]　Chris Milk, "How virtual reality can create the ultimate empathy machine," (*http://bit.ly/2v05VMe*) *TED*, March 2015.

[7] Casey Newton, "Groupon's ousted founder is making gorgeous audio tours of San Francisco," (*http://bit.ly/2vwrOEg*) *The Verge*, July 30, 2014.

[8] 3D SoundScape Demonstrator Video (*https://vimeo.com/110344933*)

[9] Asha McLean, "Microsoft updates smart headsets for visually impaired," (*http://www.zdnet.com/article/microsoft-updates-smart-headsets-for-visually-impaired/*) *ZDNet*, November 27, 2015.

[10] Jennifer Warnick, "Independence Day," (*http://news.microsoft.com/stories/independence-day/*) *Microsoft Story Labs*.

[11] I was lucky to work with Buxton in 2013 in Toronto on a project called, "Massive Change: The Future of Global Design." Buxton was our Chief Scientist at Bruce Mau Design, sharing invaluable HCI insights, and even contributing his personal collection (*http://chi2011.org/program/buxtoncollection.pdf*) of interaction devices spanning a period of 30 years to the project's exhibition component.

[12] Frank Bowe, "Making Computers Accessible to Disabled People." *Technology Review*, 90 no. 1 (1987):52-59.

[13] Katie Collins, "Dolby's stereoscopic virtual reality proves utterly terrifying," (*http://bit.ly/2unQFVT*)*Wired*, March 5, 2015.

[14] Jörg Müller, Matthias Geier, Christina Dicke, Sascha Spors, "The BoomRoom: Mid-air Direct Interaction with Virtual Sound Sources," (*http://bit.ly/2vx2wpO*) *CHI '14 Proceedings of the SIGCHI Conference on Human Factors in Computing Systems* (2014): 247-256.

[15] David Barnard et al., *iPhone User Interface Design Projects* (New York: Apress, 2009), 236.

[16] Kickstarter, "Here Active Listening." (*https://youtu.be/zlW–xA6haeU*)

[17] Holding the Internet to Ransom (*http://www.bbc.co.uk/programmes/ p036zrcf*), *BBC*.

[18] David Z. Morris, Forget the iWatch. "Forget the iWatch. Headphones are the original wearable tech," (*http://for.tn/2u83hFz*) *Fortune*, June 24, 2014.

[19] Steven F. LeBoeuf, "How Biometrics Could Change Gaming in 2014," (*http://bit.ly/2u3XVHe*) *Consumer Technology Association*, January 14, 2014.

第 5 章
数字嗅觉和数字味觉

2013 年 4 月 1 日，谷歌发布了"Google Nose"，一种捕捉和搜索气味的数字方法。在公司发布的视频[注1]中，产品经理 Jon Wooley 指出，嗅觉体验是曾经被谷歌忽视的搜索体验的重要部分。Google Nose 可以不依靠类型、言语和触觉来获取信息和世界上的知识。基于 Google Aromabase 数据库提供的来自世界各地的 1500 万种香料，Google Nose 将能够识别环境中的特殊气味，或者根据关键字搜索的结果散发香气。

尽管 Google Nose 是一个愚人节恶作剧，并非真正的产品。但互联网上的数字香氛体验这一设计并不牵强。事实上，通过硬件和可穿戴设备来释放香气这一技术目前已经在改善人们的生活，譬如它能够释放对痴呆症患者和阿尔茨海默病患者有益的香气。它甚至被用作早期的诊断工具。

人的感觉不仅限于视觉、触觉和听觉。如果我们要把增强现实与我们所有的感觉融为一体，嗅觉和味觉不容忽略。它们是与脑部边缘系统直接相连的唯一两个感官，主要负责情绪和记忆。气味和味道是针对故事、记忆和情绪的令人难以置信的载体。这两种感觉可以将你送回过去，或者把你的注意力转移到现在。

注 1：*https://youtu.be/9-P6jEMtixY*。

数字嗅觉和味觉这一领域的前沿研究、原型开发和产品设计正在不断增长，旨在增加我们对周边环境的认知和互动方式。在本章中，我们讨论的重点将放在基于虚拟气味和味道的新型可穿戴设备及其接口，这些技术可以增加我们分享和接收信息的方式，增强娱乐体验，加深对特定事物的理解，甚至影响我们的整体健康。

Smell-O-Vision 的回归

增强嗅觉媒体体验的想法源于 Hans Laube 发明的 Smell-O-Vision，其在 1939 年纽约世界博览会上首次亮相。1960 年，该技术进入了电影院，为我们带来了第一部 Smell-O-Vision 电影《神秘的气味》。这一技术通过塑料管道自动将气味直接泵送到各个座位，散发的香气与屏幕上的动作同步。三十种不同的香气弥漫在空中，包括电影中神秘女孩的香水、烟草、橙子、鞋油、葡萄酒（当一个人物被落下的酒桶压死时）、烤面包、咖啡和薄荷。如图 5-1 所示，一张电影海报《拥有神秘香气的 Smell-O-Vision》上宣传道："首先是动作（1895）！然后是音效（1927）！现在是气味（1960）！"增强现实技术的发展和电影的历史类似：从移动的图像开始，之后对声音进行整合，然后尝试重新创造其他感觉——譬如嗅觉。

图 5-1：《神秘的气味》海报（https://en.wikipedia.org/wiki/Smell-O-Vision）

可惜的是，有一部分香气被延迟送达，香气分配系统产生的大量噪音分散了观众的注意力，还有一部分气味使观众恶心——这些因素使得《神秘的气味》最终结局并不像期望的那样。将 Smell-O-Vision 带到其他电影院的计划被中止，电影也被重新发行，标题为《西班牙的假日》。

距首次发布五十余年后，《神秘的气味》[1] 于 2015 年 10 月再次在英国布拉德福德市和丹麦哥本哈根进行放映，和最开始的设计同样强调嗅觉体验。"我希望这能够让人们注意到嗅觉体验的无限可能。"重映电影的出品人 Tamara Burnstock 表示，"这是恢复对香味电影兴趣的一次机会。"

这也是一次让我们能够了解今天可以做哪些不一样的事情的机会，我们将借此探索有哪些新的技术和设计能够在未来用于增强嗅觉体验。电影中的原始气味被重新想象和设计，更强调观众与模拟技术的互动。每个座位都装备了一个存有"神秘气味"的扇子，观众可以在出现提示时摇动它，在特定的时刻从瓶中释放喷雾，同时，带有大量香气的演员走过礼堂。

除了气味扩散方法之外，这次重映对气味的序列和气味的表达方式进行了实验，为增强气味技术的剧本设计提供了新的可能。

例如，研究中发现香味被释放的顺序是至关重要的。玫瑰的气味必须在大蒜气味之前引入。当需要有代表性的展现时，可以出现与屏幕上直接相关的气味，譬如橙子树；而其他场景则需要以某些气味作为基调，创造出一种类似于交响乐的氛围。

《香气的秘密：香水探索与气味科学》的作者——生物物理学家 Luca Turin 认为，Smell-O-Vision 难以快速发展的原因之一是因为我们很难像调制各种颜色一样调制出大型的气味场景。艺术与嗅觉研究所创始人 Saskia Wilson-Brown 参与了 2015 年的重映制作，监督了气味的组成和生产，她证明了处理嗅觉这一任务充满挑战。虽然今天有更多的技术能够让我们更好地了解和使用气味，但她认为香气调制仍然是完全实验性的工作。

也有评论家认为，Smell-O-Vision 是 20 世纪 60 年代的噱头。如果研究焦点仍然在技术上，而不是提供更有影响力和吸引力的体验，同样的，增强现实也有成为噱头的危险。

"如何使气味成为故事的一部分而不是一个噱头呢？" Wilson-Brown 提出了这样一个问题，"这实际上是一个语义问题，我们需要为此创造共同的语言和共同的意义——这非常困难，因为每个人对香气的感受和体会都是不同的。

然而，也许我们面临的问题并非是为香气建立一种共同的语言或者是共同的意义；也许增强嗅觉的真正机会在于个性化体验。基于 Smell-O-Vision 设计的《神秘的气味》的首映和重映都是面向在公共空间的大量观众，难以进行大规模的管理。而结合刚刚开发的新设备，针对个人或较小的团队进行体验设计，则可能是增强嗅觉未来发展的方向。

Smell-O-Vision 是数字化沉浸式体验的前身之一，就像 FeelReal 的 VR 面具和 Nirvana 的 VR 头盔等现代设备一样。其原型在旧金山 2015 年游戏开发者大会（GDC）上展示，而 GDC 是专业视频游戏开发商最大的年度聚会。FeelReal 在 GDC 会后宣布进行 KickStarter 众筹，但是这次众筹并没有成功：$50 000 美元的集资目标中仅有 $24 568 被认购。该公司的预购网站上列出了面具和头盔的设计（见图 5-2），这些原型通过气味以及气流、温度、水雾结合三维视频游戏和电影的振动产生全方位的体验。罩住脸部的下半部分的面具模型与 Oculus Rift VR 耳机相连接，而头盔模型则罩住头部并与智能手机的屏幕配合使用。两个模型都通过蓝牙技术无线连接到数字娱乐源设备，借助带有七个可移除机匣的气味发生器，将气味蒸发到用户的鼻子中。基本的气味包括橡胶燃烧的味道、火药的味道，以及火、花、丛林、海洋甚至欲望的香气。

游戏开发人员可以使用 Feelreal SDK 添加不同的气味和效果，创建身临其境的虚拟现实游戏。无需任何编程技巧，我们也可以借助 Feelreal 播放器将气味和效果添加到电影中。虽然 Feelreal 的产品目前主要针对 VR 市场，但更为独立的 AR 系统也可以据此设计，以在游戏和娱乐体验中模拟不同的气味。

图 5-2：FEELREAL 面具设计图（http://feelreal.com/）

个性化的气味传播和叙述

个性化并不意味着增强嗅觉需要独立存在或是仅供单用户使用。像 oNotes[注2] 和 Scentee[注3] 这样的数字嗅觉设备使用户能够使用智能手机发送和接收气味信息。oNotes 由 Vapor Communications（由哈佛大学教授 David Edwards 与其前学生 Rachel Field 于 2013 年组建的创业公司）开发，用户能够拍摄照片，在移动端应用中标记它的气味（与为 Instagram 照片打标签相同），然后与朋友分享，如图 5-3 所示。

通过向图像添加感官信息，我们日渐接近捕获并重新创建整体的体验。食物摄影将拥有新的发展方向：无论是在新的餐厅用餐，还是分享老祖母的食谱，伴随着香味，你的照片将会更令人垂涎。当文字不足以分享情绪时，气味信息也可以用作沟通的方式。

oNotes 应用程序中可以使用 32 种香气，混合起来可以创建超过 30 万种香味信息。携带着标好的主要和次要信息，照片被称为 oPhone 的

注 2：*http://www.onotes.com/*。
注 3：*https://scentess.com/*。

硬件设备接收。oPhone 有两个由 oChips 机匣组成的圆柱形塔状结构，以创造香气和释放气味。

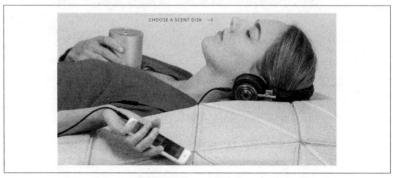

图 5-3：oNotes 的设计和使用 (https://onotes.com/pages/how-it-works)

Edwards 希望 oNotes 能够帮助我们创建感官体验的新时代，而气味能够像视觉和声音一样，成为消费媒体的一部分。他正在努力建立气味叙述的体系，并与像 Melchar Media 这样的公司合作研发能够利用 oPhone 增强故事体验的电子书。

2015 年，在纽约皇后区的移动影像博物馆和加拿大蒙特利尔的 Phi 中心展出了"oBooks"的首个版本《金发姑娘与三只熊：嗅觉版》。在这次香气弥漫的展览中，oBook 将 iPad 上的儿童插图电子书与 oPhone 气味释放系统相结合。打开电子书，选定页面的屏幕上会出现带有卡通鼻子的标志，并指示读者点击该标志。然后，鼻子消失，屏幕上出现"oPhone 正在准备"的消息。此时，通过蓝牙连接到 iPad 的 oPhone 会从配备的气瓶之一中发出一股与故事的进展相呼应的香气。这股香气将持续 10 秒。

Edwards 还与作曲家 Daniel Peter Biro 和调香大师 Christophe Laudamiel 合作，创作了 oMusic 来为音乐注入气味。用气味代替文字、图像，甚至是音符本身，都可以创造出内容翔实情感丰富的故事叙述，这种新的模式甚至可能为情感体验带来一场远远超越视觉和听觉的革命。

oPhone（目前的最新版本）仍然不是非常便携。我们相信，当技术设备小到可以放在口袋里，或者可以直接嵌入智能手机，又或者分布式集成到其他可穿戴设备（如 AR 眼镜）时，数字嗅觉设备将会真正走入我们的日常生活。

气味可以作为一种非语言的沟通方式，我们能够为不同的气味赋予意义。就像第 3 章中所讨论的那样，我们能够通过 Smartstones 这类产品来配置秘密消息库。2013 年，开发了另一款便携式设备 Scentee，它的形状像一个装有 LED 灯的小灯泡（大约一个樱桃番茄的大小），可以被插入到智能手机的耳机插孔。它与配备的应用程序配合产生香水喷雾，帮助人们与朋友和家人沟通。用户可以使用 Scentee 进一步定义个性化的体验，譬如说借助特定的气味通知新电子邮件和 Facebook 收到的"赞"，甚至以气味来配合智能手机的闹钟功能帮助计算时间。Scentee 还为开发人员提供了一个 SDK 来创建应用程序。

由伦敦和纽约的 Mint Foundry 公司创建的增强嗅觉机器人 Olly[注4] 是一款 USB 供电的气味发生装置，当你收到社交媒体的新消息或任何指定的通知时，它将会释放香气。用户可以使用 3D 打印机和现成的零件自行组装 Olly。

嗅觉增强消息借助于 Scentee 和 Olly 等设备，能够在未来为我们带来新颖的用户体验。气味可以用来发出警报，从而取代在 AR 眼镜中出现的文本信息。不过，你可能要谨慎地选择用什么样的气味来通知什么，它可能会印在你的记忆中。然而，选择一种难闻的气味（对每个用户来说都是主观的和独特的）也可以成为一种强调通知紧急程度的不容忽视的方式。

在我看来，这种交互设计需要一个气味缓存清除模式。我们在最近重新筛选《神秘的气味》的过程中学到了一个教训：玫瑰的气味不应该跟在大蒜的气味之后。就像人们会在欣赏多种香水的间隙闻一碗咖啡豆以刷新嗅觉或者在两餐之间吃冰激凌来刷新味觉一样，类似的感官中和技术将会有助于增强嗅觉的体验。

注 4：*http://www.ollyfactory.com/*。

数字气氛

增强嗅觉技术可以通过创造气味场景来描绘景观。伦敦大学学院的考古学家兼设计师 Stuart Eve 已经开发出了一款能够帮助我们闻到历史的原型——《The Dead Man's Nose》[2]。它是一种结合增强现实技术的户外气味传递系统，可以将用户带回青铜器时代。它借助 GPS 数据确定你的位置，并据此创建气味场景。用香气来进一步提高 AR 体验，与其他增强感官技术一起使用，如图 5-4 所示。

图 5-4：配有烤肉香气的《The Dead Man's Nose》示意图（http://i2.wp.com/www.dead-mens-eyes.org/wp-content/uploads/2013/05/DSC03548.jpg）

在增强现实中已经有了几个里程碑式的娱乐设备，但 Eve 第一个将气味作为体验的一部分。Eve 创造的增强现实体验在史前遗址康沃尔郡举行。如同上文中所提到的那样，他解释说[2]："我们不仅可以走入新青铜时代的场景，还可以一步步地走进村庄，看到越来越多的圆屋建筑，听到远处传来青铜时代的牛羊咩咩声音；我们甚至还可以闻到燃烧的火焰和热腾腾的晚餐的香气。"

《The Dead Man's Nose》系统包含一块 Arduino 主板及其连接的四台小型电脑风扇。这些风扇安装在特制的木箱内，每个木箱中都有一个小抽屉，里面装有一块饱蘸液体香气弥漫的棉絮。Eve 写了一个小的 Arduino 程序，它接受低功耗蓝牙连接，在串口上监听数字信号。根据收到的信号，它将通过电源的开关来控制特定的风扇工作。

Eve 同时编写了一个简单的 iOS 应用程序。为用户提供了四个开关（对应着四个风扇）和一个中断按键。当按下"连接"时，应用程序通过蓝牙连接到《The Dead Man's Nose》硬件，并启用开关。此时用户可以通过简单地切换开关来打开任何一个或所有的风扇。在进行切换时，系统通过蓝牙串口连接发送特定信号，启动所需的风扇。

为了给《The Dead Man's Nose》提供地理信息支持，应用程序通过智能手机的 GPS 读取用户的物理位置。使用 iOS 内置的 CoreLocation CircularRegion 方法，程序将在预先给定的坐标列表周围创建具有指定半径的一系列"地理围栏"嗅觉区域。基于用户想要闻到的气味，每一个嗅觉区域都配置了一个或多个风扇的 ID。当用户物理上走进其中一个嗅觉区域时，系统将检测到用户通过地理围栏并发送串行信号，相关的风扇开始旋转。虽然在没有 GPS 覆盖的地方（例如在某个封闭的画廊内）这项功能尚未实现，但是 iBeacons（详见第 4 章中提到的 Detour 和"城市解锁"）也可以用来作为这些气味的触发器。

《The Dead Man's Nose》中使用的所有气味都来自供应商 Dale Air，如图 5-5 所示。Dale Air 创造了 300 多种不同类型的气味，从鸡肉到肮脏的亚麻布，到一种称作"龙息"的香气。 Eve 指出，为每个嗅觉区域选择适当的气味是非常困难的事情：

> 据我所知，还没有人能够创造出"葬礼后墓穴的气味"。然而，我们要知道，通过再现过去的气味，我们不一定能够经历过去发生的事情，或者是解读过去的人；但我们可以借助它们来改变人们对某个场景的体验。

Kate McLean 是另一位使用嗅觉来改变景观体验的研究者，特别是城市景观。她说[注5]："我专注于人类对城市景观的感知。虽然视觉在数据

注 5：*http://sensorymaps.com/about/*。

表示方面占据主导地位，但我相信，我们应该利用其他感官模式来体验城市景观，并分享自己的理解。"McLean 关于嗅觉的研究不仅集中在她认为常常被忽视的人类感觉上，而且还包括了被忽视的城市设计方向。

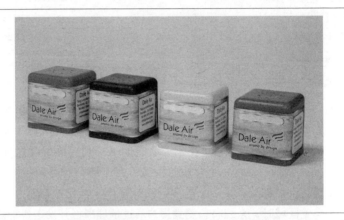

图 5-5：Dale Air 所提供的香气盒子 (http://www.daleair.com/dispensing/alcohol-vortex-cube-presentation-pack)

多年来，在阿姆斯特丹、巴黎和纽约等城市，McLean 领导了一系列的"嗅觉漫步"活动，她希望当地居民能够走遍城市的每一个角落，并记录他们对身边气味的印象。利用这些气味数据，McLean 以城市气味地图的形式创建了气味可视化系统。她正在开发一款叫作 Smellscaper 的应用程序，以更好地对嗅觉漫步的数据提供支持（主要包括结合地理空间记录的气味笔记），使人们能够更好地参与城市中的嗅觉漫步（虽然 McLean 目前并没有开展让应用程序散发气味的工作）。

我们可以将 McLean 的 Smellscaper 应用和在第 4 章中讨论的 Detour 进行类比。在这里你的鼻子取代了耳朵成为向导，使得感官重新聚焦在周围的气味上，从而鼓励人们重新思考如何体验一个城市。"Google Nose"这一愚人节的笑话实际上可以视作一个城市的气味地图的原型——增强嗅觉技术所支持的谷歌地图或谷歌街景。

健康与增强嗅觉

虽然都市风景能够自然散发出自己的香味，但 Ode[注6]等能够散发食物香气的产品能够更好地帮助老年痴呆症和阿尔茨海默病患者。早餐、午餐和晚餐往往拥有着不同的气味，嗅觉能够把我们的感官同一日三餐的时间联系起来，刺激食欲并帮助减轻体重。Ode 是伦敦设计机构 Rodd 与嗅觉体验公司的香水专家 Lizzie Ostrom[注7]合作开发的硬件设备。借助于特别设计的气味墨盒，它能够在每次进餐时间为我们带来两个小时的嗅觉体验，如图 5-6 所示。

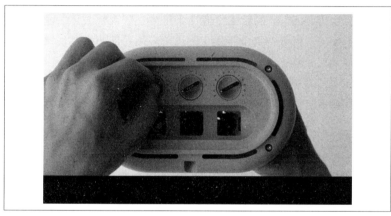

图 5-6：Ode 嗅觉体验的调节和使用（http://www.myode.org/）

体重减轻常见于晚期痴呆患者，可以作为病情发作的早期指标。而 Ode 可以通过散发蔬菜汤、红烧牛肉、黑森林蛋糕等令人愉悦的食物气味来刺激食欲。此外，它还拥有帮助改善心情的额外效果。该公司的网站上对不同客户的具体行为变化进行了重点介绍，在 Ode 安装后的 11 周内，有 50% 的参与者平均增加了 2 公斤。Ode 是一个通过增强气味环境来改变习惯和促进健康的典型案例。

在 Ode 使整个房间充满了食物的芳香的同时，Jenny Tillotson 博士正

注 6：*http://www.myode.org*。

注 7：*http://www.odettetoilette.com/*。

在开发 eScent——另一种更加本地化的可穿戴嗅觉设备，能够将气味直接传递给用户的鼻子。eScent 在脸部周围形成一个无创的"气泡"，以智能手机上的预编应用程序的形式，结合生物传感器、拾音器、计时器以及其他基于传感器的触发器创建了一部分区域，在其中为用户提供持续的可感知的气味。这为我们提供了一种在正确的时间和正确的地方，根据特定的情况发出增强情绪或其他有益的香味的方法——例如在检测到高压力水平时或睡眠受到干扰时释放令人放松的气味。它可以在正确的时间提供薄荷香气以提高认知能力和大脑的运行速度，还能够在检测到蚊子嗡嗡声时自动释放驱蚊剂。

Tillotson 认为：eScent 的真正价值在于作为一个诊断工具。她解释了eScent 是如何通过使用智能手机上的简单应用程序为患者预编个性化的定时释放气味系统，用于诊断神经退行性疾病。Tillotson 说："目前，医生通过人工观察嗅觉反应（譬如嗅觉的丧失）来诊断这些疾病，而这样的程序可以让我们对嗅觉能力的监测更加准确。"

Tillotson 已经在与神经科学家和阿尔茨海默氏症专家讨论这个应用了。她说，早期针对阿尔茨海默氏症或帕金森氏症的检测都非常困难，我们难以识别出于其他原因而造成嗅觉丧失这类假阳性案例，Tillotson 也正在为此问题研究解决方案。eScent 告诉我们，嗅觉技术的应用不仅限于娱乐和交流，还可以对医疗行业产生实际影响。

数字味觉

数字化味觉的能力可能会为我们的健康带来更多的好处。"滋养项目"注8 是虚拟现实中的一种模拟用餐体验，能够帮助食物过敏或不耐受的人们避免相关的后果，如图 5-7 所示。"滋养项目"的创始人 Jinsoo An 表示，他并没有试图改变我们的饮食习惯，因为仿真的食物并不能代替真实的东西。相反，他正在提出一种新的方式，来让饮食受限的人们能够偶尔享受到被认为是不健康的食物。这个项目的灵感来自 An 的继父，一位不能再吃那些他最喜欢的食物的糖尿病患者。An 想要提供

注 8：*http://www.projectnourished.com/*。

一个美味的模拟器，让人们在享受美食时不会导致血糖上升。

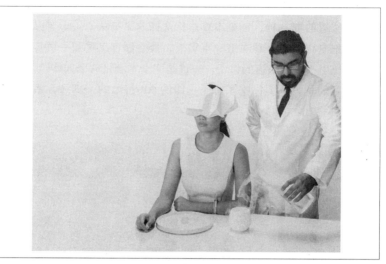

图 5-7："滋养项目"示意图（http://www.projectnourished.com/wp-content/uploads/2016/01/008.jpg）

该系统包括用于模拟视觉场景的 VR 头戴耳机、用于产生气味的芳香扩散器、能够通过振动产生咀嚼声的骨导传感器、用来操作虚拟和物理食物的陀螺仪以及用于提供口感和质感的 3D 打印的藻类和水胶体聚合物。在虚拟环境中，该聚合物可以被赋予想要复制的食物的气味、味道和质感。例如，用酵母和香菇粉在虚拟牛排中再现干式熟成的风味。"滋养项目"中食物的主要成分来自藻类，由此 An 发现了另一个好处：减少对资源的依赖，并减少我们的碳足迹。

"滋养项目"是一款虚拟现实体验；然而，更早的时候（2010 年）东京大学的一个名为 Meta Cookie[注9] 的项目也采用增强现实技术改变了人们对吃东西的体验，如图 5-8 所示。Meta Cookie 将交互式嗅觉显示器与印有 AR 追踪目标的普通食用饼干结合在一起。头戴式显示器允许用户透过它查看 AR 中各种各样的饼干选项，它们具有不同的纹理和颜色，与真实的饼干视觉上重叠在一起。当你选择了自己想要吃的

注 9：*https://youtu.be/3GnQE9cCf84*。

饼干味道后，系统通过气泵将特定气味送入你的鼻子。这一切都会让你感觉自己正在吃最喜欢的口味的饼干，即使真正的饼干只是最基础的没有味道的那一种。如果不喜欢你选择的饼干味道，你可以随时在下一口把它变成另一种味道。事实上，最终你可以吃到一块每一口都能够体现出不同的味道的饼干——这是完全定制化的个人体验。不过，值得注意的是，只要你吃了饼干上印的 AR 符号的一部分，系统就不再起作用了。

图 5-8：Meta Cookie 的设计示例 (https://www.youtube.com/watch?v=3GnQE9cCf84&feature=youtu.be)

2012 年，创建 Meta Cookie 的同一研究小组开发了"增强饱腹"，以进一步欺骗你的眼睛和味蕾，目的是让你减少食欲。通过使用增强现实在视觉上改变食物的感知尺寸，"增强饱腹"被认为是降低肥胖率的有效选择。心理学研究者成田成美在《Augmented perception of satiety: controlling food consumption by changing apparent size of food with augmented reality》[3] 中指出：食物消耗量同时受其实际体积和外在因素的影响。基于这些知识，研究人员试图通过改变其外观尺寸来控制人们对同样数量食物获得的饱腹感的感知。研究表明，这种增强技术确实能够有效控制饱腹感和食物摄入量。虽然"增强饱腹"的临床试验尚未完成，但随着 AR 眼镜和嗅觉可穿戴设备的普及，这种饮食方法有可能会成为日常生活的一部分。

对于大脑受创的人来说，对饮食的感知成为了一项现实问题。当你吃东西的时候，脑部受伤可能导致质地和味道的混乱，以及对食物体量的感知不准确——你的感官可能会使你相信面前的食物比实际上更大。2014 年 3 月，在伦敦举行了一次"大脑宴会"[注10]活动。在那里，各种菜式都被以一种与会者完全无法识别的方式来烹饪和搭配。它展现了脑外伤对熟悉的食物所体验到的那种陌生的难以形容的感觉。虽然每人的体会都有侧重点，并且与"大脑宴会"所展示的并不完全相同，但是"增强饱腹"和"滋养项目"这种研究可以进一步探索我们对脑损伤患者所能提供的帮助，同时帮助其他人理解这类外伤会如何改变人们对世界的看法。

数字味觉和嗅觉的未来

对于增强现实研究人员 Adrian David Cheok 来说，数字味觉的未来与人脑密切相关。Cheok 之前的研究为我们带来了 Scentee 等气味装置；然而，他目前的工作重点是直接刺激大脑重新产生对气味和味道的感知，而并非将人造的气味送到使用者的鼻子上。

Cheok 带领着马来西亚 Imagineering Institute 研究实验室的团队开发了一种名为"数字味觉交互"的设备，该设备看起来像是一个有机玻璃盒子，你可以用舌头贴上去品尝来自互联网的不同口味。使用电和热刺激，这款设备能够暂时欺骗你的味觉，使你体会到酸味、甜味、苦味和咸味，这取决于通过电极的电流的频率。Cheok 也正在设计一个类似于"数字味觉交互"的数字嗅觉系统。该设备能够将一个微小的电极插入到鼻腔来刺激嗅觉神经元。目前，该设备仍在中试阶段。

"一旦可以直接刺激大脑神经元，我们就可以绕过身体上的器官。"Cheok 说，"将来可能并不会有直接刺激身体器官的需求，那样

注 10：*https://guerillascience.org/event/brain-banquet/*。

太过低效。我们已经可以以简单的方式刺激人类神经元，我希望将来它能够更加复杂。"Cheok 相信我们将会在有生之年看到一个直接与大脑进行交互的界面。

在第 2 章中，神经科学家 Amir Amedi 讨论了如何将视觉信息传递给视觉障碍者的大脑，以绕过他们眼睛的问题。在第 3 章中，神经科学家 David Eagleman 设想了一种未来，通过从互联网直接提供实时数据传送到大脑，人类的感官系统得以进一步扩张，我们能够直观地体验和感受这些数据而不需要任何提前分析。当我们能够绕开鼻子和舌头，直接刺激大脑产生嗅觉和味觉时，将会有什么新的体验？

Cheok 在《Using mobiles to smell: how technology is giving us our senses》[4] 中说："在所有媒体上，人们都想重新实现现实世界，"他解释说，当电影技术第一次对公众开放时，人们都在拍摄各种城市街道。Cheok 继续说道："电影能够捕捉这些内容是相当了不起的，但是随着媒体的发展，它变成了一种新的表达方式。"他相信味觉和嗅觉也是一样的。现在数字嗅觉技术已经开始发展，Cheok 说人们最开始的设想是远程重现气味，比如通过智能手机发送一个带有玫瑰香气的虚拟玫瑰（见图 5-9），但他认为下一个阶段会为我们带来新的创作。

图 5-9：移动设备提供嗅觉体验的示意图（http://www.theneweconomy.com/technology/using-mobiles-to-smell-how-technology-is-giving-us-our-senses-video)

我们将会拥有前所未有的嗅觉和味觉体验，文字与之比起来太过苍白，技术甚至能为我们呈现在普通现实中绝不可能出现的新的气味和味道。举个例子，Zachary Howard 设计的 Synesthesia Mask[注11] 可以让你闻到色彩，它能够把气味分配给颜色而不是物体。尽管 Synesthesia Mask 使用了泵设备将香味送到鼻子，而非直接的脑部刺激，但是它开始尝试用另一种方式创造一个新的现实，这个现实与我们通常所知的世界没有明显的相关性，现实将被重新定义。当我们摆脱对现实的复制时，增强现实技术在广义上将会从模拟真实的负担中解放出来，创意的大门将被打开，为我们带来新的表达模式和发明创造。

参考文献

[1] "Scent of Mystery with Smell-O-Vision Powered by Scentevents," (*http://bit.ly/2wb9jST*) October 13, 2015.

[2] "Archaeology, GIS and Smell (and Arduinos)." (*http://bit.ly/2waT9sP*)

[3] Takuji Narumi, Yuki Ban, Takashi Kajinami, Tomohiro Tanikawa, Michitaka Hirose, "Augmented perception of satiety: controlling food consumption by changing apparent size of food with augmented reality," (*http://bit.ly/2f905me*) *CHI '12 Proceedings of the SIGCHI Conference on Human Factors in Computing Systems* (2012):109-118.

[4] "Using mobiles to smell: how technology is giving us our senses," (*http://www.theneweconomy.com/technology/using-mobiles-to-smell-how-technology-is-giving-us-our-senses-video*) *The New Economy*, February 11, 2014.

注 11：*https://youtu.be/9vLSuLL9xLA*。

第 6 章

演绎能力与人类想象

在 2013 年的增强世界博览会（AWE）年度演讲中，我选择只用隐喻来
描述增强现实（AR），并没有展示任何实际的 AR 模型。我使用外部图
像来刷新社区和工业界对我们目前发展的看法，重构人们对我们之前
需要（而且将来仍然需要）的位置的印象。在其中一张幻灯片中，我
展示了一个透明的皮划艇设计。透明皮划艇可以为这项运动带来更加
身临其境的体验，让其操作者直接感受到周围的环境。透明皮划艇也
为我们打破了传统上那面无形屏障，允许使用者进入新的世界中，并
借此获得之前在普通的不透明皮划艇中难以想象的视野和体验。

透明皮划艇的典型功能就像一扇敞开的大落地窗，用户和相应的上下
文能够在这里共享相同的物理环境。它能够给人一种错觉：操作者自
己被直接留在环境中而皮划艇"消失"了。这个设计非常重要，它象
征着新的增强现实已经出现，用户能够更深入地沉浸和更直接地参与
其中。AR 体验一开始只存在于电脑屏幕上，需要笨重的台式机的支
持。现在，这项技术已经能够被迁移到智能手机和平板电脑上，并正
在向智能眼镜和更多可穿戴设备迁移。增强现实的屏幕终将消失，我
们将直接沉浸在混合现实的故事里。借助于以用户为中心的上下文驱
动的个性化体验，这种身临其境感将被进一步丰富。

我们通过故事了解世界。最好的故事和最好的讲述者能够让你沉入其
中，就像你真的在故事中生活一样。故事也可以使我们成为其中的一

员，透过别人的眼睛看这个世界。一个伟大的故事是由内而外的，它能够点燃、唤起和搅动你的内心。它引发反应，并收到回应。它能够改变我们。通过故事我们能够感受不同的事件、地理位置和时代。

我认为增强现实是一种虚构的存在，为我们讲述一个虚拟的故事，它可以是视觉的、听觉的、触觉的、嗅觉的，甚至是味觉的。人类的想象能力是一种非凡的力量，它可以给现实中不存在的东西提供形象和声音，可以改变一个人、一个物体或一个地点，可以将你传送到不同的时间和空间。当我们相信一个存在时，我们就能够用自己的想象对此进行演绎。虚拟存在是学习、游戏、创造和发明的重要组成部分。它创建不可能，并点燃新想法。虚拟存在不仅仅是为孩子设计的，它可以是全人类解决问题并获得新视角的有效途径。

增强现实是一种新的传播媒介，它重新设定了故事的叙述和体验方式，甚至具有扩展人类生存条件的巨大潜力。本章中，我们将探讨在这个各种创新和可塑的媒体层出不穷的时代，AR 技术如何用新的方式为我们带来难以抗拒的故事体验。文中将对常用演绎方式的主题和风格进行回顾，并展示未来一段时间内，增强现实讲故事的发展方向和机制。

想象力和创造力

自从我在 2005 年首次发表有关增强现实和演绎方式的演讲以来，一直存在着这样一种观点："但是，在没有增强现实技术的时候，如果我想自行想象，我该怎么办呢？"在我分享 LIFEPLUS[注1] 这个项目（意大利庞贝古城 AR 历史娱乐系统的案例）的时候，一位观众提出了这个问题。 LIFEPLUS 在视觉上重建了庞贝古城的废墟，用虚构的戏剧性演绎模拟了古代人生活的样子，如图 6-1 所示。参观历史遗址的人们都佩戴了头戴式显示器和背包（其中包括电脑部件和电池，以支持增强体验），使他们能够观察建筑内部的增强结构，体验到虚构的历史人物之间是如何相互交流的。

注 1：*http://bit.ly/2viJtPD*。

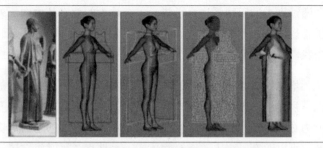

图 6-1：虚拟古代人类的三维重建示意图（https://pdfs.semanticscholar.
org/c4e0/b957f5cb3e0c77b45931691fac588cd3015a.pdf）

如果想要想象某件东西的外观，或者是你曾经看到过它的样子，你可以自由地选择是使用自己的想象力，还是用技术来重新创造视觉效果——就像你可以在阅读一本书或看电影之间进行选择一样。当你看电影或利用新的演绎技术进行体验时，并不意味着你不再使用你的想象力。你仍然在使用自己的想象力，以进一步扩展当前的经历和体验。我相信，这才是增强现实为我们带来的。AR 不会替换或取代人类的想象力，相反，它将以新的方式将我们的想象力扩展到学习、设计和共情等方面，甚至会给创造力带来新的价值。我们的技术将和我们的想象力共同进步，增强现实的发展离不开人类的信念和想象力，它将会和我们一起创造和建立前所未有的新体验。

事实上，我相信 AR 在人类的想象力和创造力的提升上至关重要，并将会为我们带来新的价值。大多数情况下，当拥有可用的技术时，下一步我们应该做什么呢？我们需要并行想象与之相关的创新的可能，并构建相关的技术。最好的 AR 体验将是最有创意的。重要的是，我们要注意，增强现实技术不仅限于模仿现实，也不拘泥于真实的规律。这种媒介是新的表达方式的首选。当技术变成习惯时，新颖独特的创造力表达将会继续为我们带来惊喜。

我们正处于 AR 创意演变的开始阶段。在各种蛛丝马迹中，我们可以看到一种具有独特风格的语言开始形成。在发展早期，增强媒体的可塑性依然非常高。我们把它称为"黏土"时期：这是做试验的时间，人们在令人难以置信的广泛范围中玩一个没有规则的游戏。随着时间的推移，体裁和文体技巧的发展会越来越困难，虽然不是不可能的，但需要摆脱一些既定惯例。这类全新媒体的出现并不经常发生。我们正处在一个开创性时期，其中的探索和发现不仅有助于对增强现实的进一步定义，还有助于对未来媒体进行定义。

存在

存在（presence）是虚拟现实中使用的一个术语，用于描述在计算机生成的虚拟环境中真正"存在"的感觉和知觉——就好像它真的在那里一样。存在度是衡量虚拟环境是否成功使用户沉浸其中的度量。媒体理论家 Matthew Lombard 和 Theresa Ditton 将存在定义为"非调和幻觉"，在其中"媒体看起来似乎是隐形的或透明的，就像一扇敞开的大窗户，其用户和内容分享相同的物理环境"[1]。影响存在的因素包括视觉对齐的精度、与环境的同步程度以及环境对用户的输入和动作的响应速度。

如果虚拟现实中的存在能够给人"真的在那里"的感觉，那么增强现实中的存在则是虚拟内容与物理环境融合的感觉，就好像虚拟的内容"真正的存在"于你身边物理世界中，与周围环境融合在一起。另一种思考方式是"直接性"。媒体理论家 Jay David Bolter 和 Richard Gruisin 写道："直接性逻辑决定了媒介本身应该消失，让我们留在它所展现的事物中。"Bolter 和 Gruisin 对这一点做了进一步的阐述："用户不再意识到自己面对的是媒体"，而是站在"直接面对内容"的地位上[2]。

我们已经站了起来，并开始自由地跳跃，甚至跑动，我们相信，增强内容实际上无处不在，就像百事可乐在英国伦敦建设的增强现实公共汽车候车亭那样，毫无戒心的通勤者被虚拟的老虎、机器人和不明飞行物吓到，如图 6-2 所示。

在新技术中，能够在人类感知中引起情绪和身体反应的存在并不少见；这种体验在早期电影中也有出现。据说 1895 年由 Auguste 和 LouisLumière 执导的一部 50 秒的电影《火车到达西奥塔火车站》中，据说有人因担心被屏幕上出现的火车撞击而跳出座位逃离剧院，电影给了观众身临其境的体验。电影先锋 Georges Méliès 表示 [3]："火车冲向我们，好像要离开电视屏幕落在大厅里一样。"法国报纸《中央报》于 1896 年 7 月 14 日报道说："观众本能地退缩，担心他们会被面前的钢铁巨人碾压。"当时的电影，就像现在的 AR 一样，是一种全新的体验方式。今天的 AR，也像 Lumière 的火车一样，我们也暂时相信那个虚拟的僵尸或者恐龙直接冲向了我们，只是我们不在剧院里——我们在家里、在工作或者在繁华的街道上。

图 6-2：候车者看到飞碟从天上飞过时惊讶的表情（https://www.youtube.com/watch?v=Go9rf9GmYpM&feature=youtu.be)

旧时代的新奇

电影理论家 Tom Gunning 将早期电影作为一种"景点电影"进行讨论，其中"使画面移动的机器是迷人的源泉，而不是主题和故事的代表"[4]。在 AR 的第二次浪潮中，我们需要的诀窍是超越对技术的迷恋，以走向引人注目的内容和更有意义的经验本身。2005 年，当我第一次体验增强现实的时候，我被这样一个事实所感染——在我的物理空间中出现了一些并不存在的东西。这对我来说是前所未见的纯粹魔法。演示本身的内容并不令人眼花缭乱：它只是一个静态的蓝色三维立方体，但是这个虚拟物体和它所代表的技术力量击中了我。从逻辑上讲，我知道立方体并不在物理空间中真正存在。然而，不知何故，它出现了。

我问自己，我们可以用这个立方体做些什么，超越舞台上的表演，以及我们如何使用这个技术来对内容进行演绎。

人们面对增强现实或者虚拟现实的初体验往往非常强烈，但随着新鲜感的消逝，我们会逐渐习惯眼前呈现的幻觉，体验会慢慢变差。在麻省理工学院出版社于 2014 年出版的《Virtual Art: Illusion to Immersion》[5] 中，媒体理论家和艺术史学家 Oliver Grau 讨论了观众如何沉浸在全新的视觉经验中，逐渐"习惯这种幻觉"，此后，这项新媒体将不再拥有"令人迷恋的力量"。Grau 写道，在这个阶段，媒体变得"陈旧，观众也变得僵硬，不再试图想象"，但他指出，现阶段"观察者选择接受内容"。就像之前的电影院一样，在增强现实中，我们需要将对技术的依赖转移到观众身上，为人们带来令人入迷的体验和讲述令人吃惊的故事。正如 Grau 写道，在危机还没来得及发生之前，这是我们探索 AR 中演绎能力的关键时刻。

氛围和情境化存在

超越性创新和创造有意义的体验的一种方式是连接用户情境。"氛围"（aura）是与存在联系在一起的另一个术语。研究人员 Blair Macintyre、Maribeth Gandy 和 Jay David Bolter 将氛围定义为物体或地点对用户或用户组的"文化和个人意义"的组合 [6]。他们指出，所有的氛围都是个人体验，因为它描述了个人对特定的物体或地点的心理反应；氛围是必不可少的，因为"氛围只有在某个人将物体或场所连接到他或她自己对世界的理解时才存在"。入口层的一部分力量来自于现实世界（例如物体或地点）与你带给它的个性化上下文的组合：你的回忆、你的故事和你的体验。

我个人认为，在增强现实的第二波发展中，氛围会对存在产生更多的影响，因为它会根据个人喜好和独特背景创造更适合用户的个性化体验。Macintyre 等人介绍了针对物理位置的独特性展开研究的项目：BENOGO（身未到，意已行），这项研究能够创造"更吸引人的"虚拟现实体验。关于对 VR 中"存在"的期望，他们认为在这个领域的研究在某种程度上被 VR 应用中典型的"通用"视觉世界所阻碍，实现存在的最好方法是将用户置于有意义的环境中，他们称之为"情境化存在"。

AR 先驱 Ronald Azuma 在 2017 年 5 月位于斯坦福图像系统工程中心的演讲中分享了他关于 AR 演绎能力的想法，表达了他的观点（我也完全同意这一看法）：增强现实中最新最吸引人的体验将是把用户与其意义链接起来，混合真实与虚拟。"如果所有的力量都来自现实，为什么还要增强呢？而且，如果所有的力量都来自虚拟世界，为什么还要增强现实呢？为什么不只是虚拟现实？"

索尼电脑娱乐公司于 2012 年推出的 PlayStation Vita AR 视频游戏《现实战士》就是一例，如图 6-3 所示。他解释了游戏如何将真实世界作为背景，而与周围独特的环境毫不相干。为了将现实与游戏联系起来，创造出更加身临其境的体验，他建议让战斗机驾驶员能够坐在真实环境存在的座椅上来攻击其他角色，或者将现实世界中的砖墙整合到游戏中以帮助防御攻击。

图 6-3：《现实战士》中，游戏者能直接在自己家的后花园里面进行战斗的场景（https://www.youtube.com/watch?v=zipHSPewumA&feature=youtu.be）

Azuma 在他的演讲中讨论了增强现实中的叙事策略，其中有两个重点：一是强化，二是记忆，它们在氛围和情境化存在中的重要性不分伯仲。

强化这一战略本身就展示了自己的定位，无论是否被增强，它本身都是足够强大的。你可以找到一种适当的方式来增强某个场所，将这个地方的现实和虚拟进行混合，使其变得更有影响力。Azuma 举了葛底斯堡战役的例子，他表示，如果你亲身访问葛底斯堡的实际场地，便会知道为什么这个地方在美国历史上如此重要，在这些事件真正发生的地方，存在着强大的情感力量，能够实际上影响人们的体验。

他还引用了 Brian August 推出的"110 Stories"。如图 6-4 所示，110 Stories 是一款智能手机增强现实应用程序，使你可以真正地看到双子塔曾经伫立的位置。Azuma 指出了两个他认为有影响力的关键点。第一个是世界贸易中心没有用照片来逼真的呈现，August 只是用油画一样的笔触在天空中勾勒了双子塔的轮廓。"这在技术上更容易，但对我来说更加吸引人，因为它与所传达的故事相匹配，双子塔已经不复存在，我们呈现的只是它的遗址"，Azuma 说。第二个关键点是你能够利用应用程序来拍摄增强照片，并被邀请写几行文字来说明你为什么拍这张照片以及它对你意味着什么，在项目网站上分享。Azuma 评论说，这些故事和分享在情感上带来了令人难以置信的体验。

图 6-4：在 110 Stories 的手机应用中，人们可以看到双子塔曾经的位置（http://www.110stories.com/portfolio-item/110stories-wtc-app/）

我认为强化策略是一种用现实和"氛围"（用 Macintyre、Gandy 和 Bolter 的术语来说）来表达一个具体地点的方式，"110 Stories"是一个很好的范例，这种增强的演绎方式可以进一步丰富我们的体验。

Azuma 提出的第二个策略是记忆，也是建立在这个想法上的。

Azuma 解释说，记忆与强化这两个战略是类似的，除了它更个性化。"葛底斯堡这个场所的含义是压倒性的。每个人都知道并能够分享那个地方所带来的情感和意义。但是，我可能在斯坦福大学和某个朋友有一场意义独特的邂逅，并且对于某些特定的地点，我会有不同的记忆。"他说。记忆战略将记忆和个人的故事以及实际发生的地点相结合。

Azuma 以自己的婚礼为例，毫无疑问他有婚礼的照片和视频，但是如果他能在事件发生的地点全面地使用增强现实技术来嵌入这些媒体呢？"这将是神奇的体验！"他惊呼。这种体验拥有强大的力量，因为对 Azuma 而言，婚礼是一个非常有意义的事件，而他将能够在原来发生的地方重温它，创造出强烈的情境化存在感。

Azuma 强调说："并非所有的故事都必须由专业的作者为普罗大众撰写。有时，对我们来说最重要的故事是个人的体验，只会与家人或朋友圈私密分享。"我认为我们要牢记这一点，因为我们为增强现实的演绎模式所设计的未来中包括了现实与个人经验的相互作用，将体现属于我们每个人的故事。

修复和超越旧时代

每种媒介都借鉴了之前的媒介，Bolter 和 Gruisin 将此称为修复。增强现实能够修复电影胶片和后期特效，而增强现实之后的媒介也会修复增强现实。我们现在还不知道这个媒介是什么，不过目前不用担心，如果你好奇的话，我个人的猜测是 AR 的扩展，能够把人脑和计算融合到对世界更直接的体验和感受中去，更加全面地整合我们所有的感官。修复的挑战是当一项新的媒介出现后，它通常会重现先前媒介的特质。这样做的危险在于新媒介关注的是旧媒介的特点，而不是以真正的创新为基础。

那么，我们该如何推动媒介的发展，而不是重复之前发生的事情呢？在"湿黏土"中我们能够找到很多答案。这不仅是各类艺术家参与其中的绝好时机，也是新世界的大门马上就要打开的关键时刻。新媒体的表达形式不会在一夜之间发展，电影文体发展的悠久历史就是一个很好的例子。纽约大学媒体研究实验室的 Ken Perlin 表示[7]："当爱迪生在 19 世纪 90 年代拍摄早期电影时，他已经拥有了制作好莱坞故事片的大部分技术。人们花了几十年的时间来站上巨人的肩膀，完成初次拍摄、再次拍摄和后期编辑。这与技术无关。"

关于增强现实的发展，我常常会想一个问题："是技术推动了故事的演绎，还是故事的演绎驱动了技术的发展？"我相信，这两者对 AR 来说都不可或缺。在增强现实的第一次浪潮中，技术占据了领先的地位，但现在的第二次浪潮中，我们看到了由引人入胜的故事叙述驱动的体验设计的重要性。这要求我们建立增强现实作为媒介的独特特征：以技术影响演绎方式。在这个湿黏土时期，我们也有能力影响技术的发展——定义我们想要讲述的故事类型，并将这些叙述方式融入到技术中。

媒体理论家 Steven Holtzman 认为，重新利用媒介的方法"不能利用媒介的特殊性质"，而"正是这种独特性质，最终将定义全新的表达方式。"[8] 这是一个"过渡步骤"，允许我们"在不熟悉的地形上安全立足"。但是，Holtzman 强调，我们必须"超越旧的"去发现新的东西，因为"就像路标一样，重新使用是一个标志，它表明深层变化的弯道马上出现"[8]。事实上，深层变化可以看作增强现实技术的弯道，尤其在第二波发展浪潮中。我们可以将 AR 的第一波浪潮描述为一个"过渡阶段"，在这个阶段中，我们看到了诸如二维视频在纸上层层展开的技术，典型的应用是在增强书籍和报纸上，我们可以用新的形式来阅读这些传统媒介。AR 的第二次浪潮开始真正地"利用增强现实媒介的特质"——也就是语境。在我看来，AR 发展的第一波是新的阅读方式，为我们带来新鲜的体验——这在新媒体中很常见，也是第二次浪潮建立新的演绎方式的必经之路。

独特的媒体

在《The Cinema as a Model for the Genealogy of Media》[9] 中，媒体

理论家 André Gaudreault 和 Phillipe Marion 讨论了电影天生的"本质"："行为的捕捉和重现是媒介技术的核心。最重要的是，这种技术先天具有讲故事的能力，它能够以在屏幕上显示移动的图像的方式持续的展示动作。"在早期的增强现实工作中，我认为 AR 和电影一样，也天生具有讲故事的能力，它借助对图像独特的投影和叠加方式，以全新的形式对时间、空间和物理环境进行展现。我的首个 AR 艺术品原型侧重于使用视频的电影叙事体验，在其他人专注于使用 3D 模型的时候，这种方法是独一无二的。

我仍然相信，增强现实天生具有高质量的叙事能力；不过，我认为这种能力超越了第一波 AR 能够为我们提供的叠加服务的质量。增强现实的可能性远远超出了投影图像的范围，正在转向强调实时的意识、翻译、沉浸感、感官整合以及对真实世界的全面了解。正如我们在前面章节中看到的那样，AR 的第二波浪潮正在利用多个传感器和检测能力，为我们带来新的认知能力和沉浸体验。我们将对用户的环境不断地进行分析，以提供最好的与语境相关的体验，而不是为每个人提供完全相同的规定内容。

在《Video: From Technology to Medium》[10] 中，Yvonne Spielmann 讨论了媒介如何"从一种新颖技术的出现，通过特定的媒介语言进行表达"和这种媒介所特有的"美学词汇"。她特别撰写了关于视频的文章，其中指出："一旦实现了这种媒介特有的表达手段，视频就成为了一种可以与其他已有媒体区分开来的媒介。"Spielmann 指出了视频与电视等其他媒体形式分享了什么样的技术特征，这些技术特征如何建立在它们的特点之上，以及视频中的图像如何区别于其他媒体形式。这些都是在重整过程中关于增强现实的重要问题，体现了如何通过媒体的特殊性和创新的表达方式，将 AR 与现有的媒介形式区分开来。

让我们来看看增强现实如何以电影为媒介。AR 与电影共享表达方式的第一波浪潮是通过后期编辑和艺术决策，使用动画、音频和录音等多媒体组件作为展示手段，以讲述现实或想象、纪录片或科幻的故事。它建立在电影的基础上，通过将多种可能性动态地实时扩展到（现在可能用作屏幕或活动地点的）任何物理表面或环境。增强现实体验与电影在叙述方式上有着微妙的区别，它在一个新的时空设定中呈现这些故事，实时地将原处的信息与本地进行融合，在现实世界中实现情境关联。

这并不意味着 AR 需要或将会与其他媒体隔离开来：它可以和其他媒体很好地合作，其他媒体也会乐于与之合作共同探索。例如，2016 年 6 月，Lucasfilm 工业光学魔法体验实验室（ILMxLAB）宣布与 Magic Leap 合作。ILMxLAB 于 2015 年成立，致力于为虚拟现实和增强现实等沉浸式平台创造体验。结合 Magic Leap 的秘密技术，他们将共同开发与《星球大战》相关的内容。Magic Leap 公司总裁兼首席执行官 Rony Abovitz 在与 Lucasfilm 的 ILMxLAB 合作的 Magic Leap 合作伙伴现场讲道 [11]："我们无时无刻不在测试这些演绎方式，试图让混合现实不再仅仅是创新体验，而是一个能让电影制作者和他人在其中创造真实的体验（例如为《星球大战》添加物体或者更改属性）的宇宙。"ILMxLAB 的执行创意总监 John Gaeta 进一步阐述说：

> 本质上来说，它为我们带来的是演绎模式的新体验和未来发展。在我们的理解中，这些新兴平台都是关于体验的——关于你个人的体验，关于将你传送到一个宇宙中从而让故事围绕着你发生。我们将在这个实验室里探索这种新的演绎形式。

另一种思考增强现实的方法是将它作为传统媒体格式有机组合的一种形式。互联网是其他媒体（音频、视频、印刷品等）的交流媒介，但它仍然拥有自己的风格语言和演绎模式。例如，为网络写作的周期通常比传统印刷品短，虽然报纸文章可以在网上重新发布，但网络作品仍然有更快的迭代速度。增强现实就像互联网一样，它融合了先前的媒体，将它们以新的风格有机结合在一起。来自 Magic Leap 的 HoloLens 和其预告片已经为我们演示了如何在增强现实中使用任意平面模拟电子邮件甚至电影的屏幕。这是一个 AR 借鉴了传统媒体演绎方式的例子。虽然结合了熟悉和已知的传统媒体的展示方式，但是我们可以从这里学到，传统媒体格式需要被放在增强现实新媒介的情境中重新思考，尤其是在用户体验的角度。传统规则不仅不再适用于新的格式，而且实际上可能并不有效。因为这一切都是全新的，我们有机会去定义新的体验。

讲故事的惯例：去过哪里

那么，在增强现实的演绎方式中，形成了什么样的规则和风格呢？它们又是怎样发展的？在过去的 12 年中，我在 AR 技术路线中观察到了一些重复出现的描述方法。首先值得注意的是，这是一门新的视觉语言，尽管"看起来像什么"只是增强现实中的一部分。正如前面章节所讨论的那样，AR 不仅限于视觉，我们还将看到不同风格和感官演绎的发展，譬如嗅觉、味觉、触觉和听觉，以及多种感官的组合。就这一部分的重点而言，由于迄今为止增强现实的大部分项目经验都是视觉上的，我们会先讨论可视化的演绎方式。

1. 虚拟试穿

虚拟试穿可以让你成为故事的一部分。无论是戴上虚拟面具，在脸上画满油彩，穿特定的衣服还是拿上道具，这些打扮都会让人想起角色扮演，让你变成别人，甚至是别的东西。2013 年，迪士尼联手英国的 Apache，创造了一款增强现实体验，能够通过对托尼·斯塔克的钢铁侠 3 套装的虚拟试穿[注2]，让用户变成钢铁侠。系统使用 Kinect 测量你的身体比例，为你设计完美的 Mk XLII 套装。然后，你可以看着自己在面前的屏幕上变身为钢铁侠，并能够测试虚拟套装的特有功能。

"虚拟试穿"不仅限于电影角色的服装：它还可用于零售体验，如服装、眼镜、珠宝和化妆品等产品的购买。它指向了一个由你驱动并关注于你、基于个性化背景故事的叙述机制：你是系统关注的主题，是虚拟世界的明星。"虚拟试穿"中十分强调存在，因为它是定制化的——你的身体已成为试穿体验的一部分，增强后的内容被投影到你身边，与周围的环境紧密相融。

注 2：*http://apache.co.uk/work/disney-become-irom-man/*。

Snapchat 的"镜头"也是一项有趣的体验，它使用智能手机上的前置摄像头，以短动画的形式实时将增强图像投影到你的脸上。"镜头"不断更新，能够带来的娱乐场景范围极其广泛，它能够将你变成一只老鼠在一块奶酪上啃食，能为你戴上一个由飞舞的蝴蝶形成的冠冕，甚至能让你和一个朋友交换面孔。要知道，"虚拟试穿"中增强现实的潜力不仅仅是让人成为预先存在的角色：我们可以将 AR 作为另一种表达自己的方式，表现我们对时尚的态度。我们可以用这种演绎方式来凸显个人创造力和想像力，利用我们选择的风格向其他人展示自己，模糊我们的虚拟化身和物理身体之间的界限。在 2017 年，Facebook 发布了增强现实平台 AR Studio，使艺术家和开发人员能够创建 AR 面具，向探索这种自我表达迈出了新的一步。

2. 墙、地板或桌子上的洞

"墙上的洞"这种叙事风格有助于通过使用视错觉来使虚拟内容进入你的物理空间。在增强现实游戏中很常见，它是一种将虚拟故事元素与物理环境融合在一起的视觉技术，以增强虚拟内容的存在感，并进一步将用户融入到展现在其身边的故事中。这个做法借鉴了传统的错视画，比如 Pere Borrel Del Caso 于 1874 年所作的《逃离批评》，在这幅裱框画中（见图 6-5），一个年轻的男孩似乎正在走来，打破现实的界限，从而进入你的空间。

我们在增强现实中看到了这种视觉错觉的效果，例如 Int13 的 Kweekies[注3] 和 HoloLens 的 RoboRaid[注4]。Kweekies 是一个移动版增强现实桌面体验，使用印刷的 AR 标记来触发舞台，虚拟角色从舞台后款款走出，然后转身返回。RoboRaid 是一款由 HoloLens 开发的射击游戏，在这个游戏中，你可以通过击败机器人的入侵来捍卫你的家园，你能看到机器人破门而入，你的家里中环绕着玻璃破碎和摇摇欲坠的声音，这一切进一步提升了游戏的吸引力，让人沉浸其中。

注 3：*http://youtu.be/Te9gj22M_aU*。
注 4：*http://youtu.be/Hf9qkURqtbM*。

图 6-5：《逃离批评》画作（http://1.bp.blogspot.com/-0cNnoHeXktc/
Tw7E0LvsnKI/AAAAAAAAAiA/R8IOjOQnoaU/s1600/borrel_del_caso+-
+Escaping_criticism-by_pere.png)

我们可以将这些 AR 叙述风格中的大部分（甚至全部）作为"特效"的
一种形式来思考——尤其是"墙上的洞"。它为我们带来了更好的可信
度和更高级的存在感，但是这个带点噱头的比喻可能会过时。这项概念
的下一个有潜力的突破点可能来自于 MIT 媒体实验室的研究人员 Daniel
Leithinger、Sean Follmer、Alex Olwal、Akimitsu Hogge 和 Hiroshi Ishii 于
2013 推出的 inFORM（动态形状显示）这样的例子，如图 6-6 所示。

图 6-6：inFORM 系统中，远程操作物体（http://tangible.media.mit.edu/
project/inform/)

inFORM 能够在物理上渲染并呈现 3D 内容，因此用户可以以有形的方式与数字信息进行交互。在这项技术的某个示范案例中，一个活生生的人出现在屏幕上，他的手伸出屏幕（通过移动真实的小方块实时表示），在桌面上推动一个物理上存在的球。研究人员指出："视频会议中的远程参与者可以在物理上进行展示，这使他们有强烈的存在感和远距离互动的能力。"在 inFORM 的支持下，虚拟角色不仅可以突破物理边界出现在你的空间，在这个例子中，我们甚至看到虚拟角色开始能够与真实世界进行交互甚至改变物理上的存在，而不仅仅作为一种视觉效果存在。

3. 幽灵

人类是没有办法看见幽灵的，它们并不存在，而又无处不在；它们无视一切物理规律，飘在空中，穿越物体。幽灵是增强现实中一项特殊的故事元素和技术主题。在 AR 技术出现早期的一段时间中，幽灵出现（就像加拿大多伦多 XMG 工作室的《捉鬼敢死队超自然爆炸》一样）的效果特别好，因为这类追踪和计算机视觉技术不需要完全准确：这种不精确不一定会打破 AR 体验的幻觉，因为我们期望中的幽灵就是不可预测的，现实世界中的典型规则不再适用。使用增强现实技术"看到"和展示幽灵这方面的设计也运作良好，增强现实为我们提供了另一个维度——肉眼无法进入的世界。

幽灵的存在展现了增强现实技术中对幻想和超现实演绎的机会。我们的技术并不限于重现现实，为什么不用 AR 来呈现一些在真实世界中不可能实际体验到的东西呢？

4. 活动图片

活动图片展示了增强现实的神奇世界，就像《哈利·波特》故事系列中的人物肖像一样，画中的人物在绘画场景和外部世界中自由移动和交互。随着活动图片成为演绎方式的一个惯例，这一无生命的存在现在变得生气勃勃，不断涌入我们的生活。它将生命赋予了那些被认为是静止的或是冻结的东西，并且为我们打开了进入另一个世界的大门——这个世界里面的内容正在活跃起来。

我们在增强现实杂志中常常看到这种演绎方式。例如，杂志封面上的静物照片被换成了幕后拍摄的 AR 视频或与照片中的人的面谈。早期支持 AR 的杂志之一是《时尚先生》，在它 2009 年出版的一期杂志中的封面人物是演员小罗伯特·唐尼。这项体验要求在你的计算机上下载一款 AR 插件，并将摄像头对准杂志，以在计算机屏幕上查看 AR 内容。在增强现实模式中，小罗伯特·唐尼和整个杂志的广告都通过视频和动画栩栩如生地呈现出来。

在过去的几年中，数字化的趋势已经出现在为增强现实技术之外的其他静态照片描绘动作上。数字照片处理的这种转变模糊了动画、视频和摄影之间的界限。例如，在使用 Flixel[注5]这类软件创建的 cinemagraphs 中，静止照片的独立元素可以是动态的，例如让图片中模特的长发被微风吹散开来。2015 年在 iPhone 6S 上推出的 Apple Live Photo 中，设备录取了拍照瞬间的前后几秒钟，让用户能够生动地重现拍摄时刻的体验。

这些例子中都告诉我们演绎方式快速发展的时期来临了。它们以介于视频剪辑和翻页动画之间的短片形式出现，能够为我们带来更多的信息。无论是在广告、艺术还是教育领域，"活动图片"这一演绎模式都为我们提供了分享位于故事背后的更多细节的机会。

5. 透视视觉

一半超级英雄的权力加上一半的插科打诨，这个讲故事的习俗让人想起在 20 世纪 60 ~ 70 年代的漫画书背后做广告的 X 射线眼镜："看到手掌中的骨头，穿透厚厚的衣服！"透视视觉已在增强现实中实现了广告中的透视模特，例如，Moosejaw X-Ray 应用程序允许用户通过浏览器目录直接欣赏各款外衣造型下模特的内衣穿着效果，也例如各种有助于解剖学教育的研究，其中包括 Daqri 的解剖学 4D 模型，以及 HoloLens 与凯斯西储大学展开的致力于更好的医学教育的合作，如图

注 5：*https://flixel.com/*。

6-7 所示。

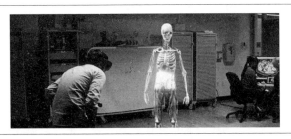

图 6-7：HoloLens 与凯斯西储大学合作开发的医学教育设备，能够让使用者一层一层地看清人类的骨骼、神经和肌肉（https://www.youtube.com/watch?v=SKpKIh1-en0&feature=youtu.be）

这种演绎方式也可以应用于博物馆和那些相对脆弱的文物展览。伦敦大英博物馆于 2014 年开展的"旧的生活，新的发现"[注6]引入了交互式视频监控器（不是 AR 技术），用它可以将埃及木乃伊的外壳层层剥开。博物馆利用 CT 扫描仪开发了三维图像，详细地展示了装饰华丽的石棺内藏着什么。这种体验也可以通过使用增强现实技术实现，例如使用 AR 眼镜、智能手机或平板电脑（而不是展品上方的屏幕）直接观察石棺，并借助 3D 模型剥离各层以探索知识的神秘。

无论是透过脆弱的博物馆展品，还是通过人类的皮肤和衣服，增强现实中的透视视觉都象征着技术已超越了人类自然能力。这个例子告诉我们，AR 能够扩大人们的想象力，使人们能够看到之前看不见的东西。它已经不再仅仅是一个营销噱头，而成为了一个强大的演绎方式——尤其是在教育领域，它使用户能够轻松地透过表象，安全地了解相关的主题。

6. 三维绘图

这种演绎风格是用熟悉的方式探索和创作属于你自己的现实：用你的双手绘画并为之着色。Scrawl[注7]是由 String 于 2010 创建的实验性 AR

注 6：*http://bbc.in/2vwn3L4*。
注 7：*http://vimeo.com/16430181*。

绘图应用。该应用程序允许任何拥有 iPhone 的人在没有任何编码经验的情况下快速创建一些东西——只需用手指把它们画出来即可。在应用程序的调色板中你可以选择不同的颜色和画笔，然后使用手指在 iPhone 屏幕上绘制三维图像。然后，你可以拖动三维 AR 图形，从不同角度查看。Scrawl 使用了我们可能拥有的最好的工具之一：自己的手指，在增强现实中无障碍地提供了充满创造力的玩乐体验。在第 4 章中，我们也展示了在 String 的 AR 技术支持下由 James Alliban 设计的实时反应增强现实体验 Konstrukt，这款体验的交互方式并非手指，它可以通过说话、吹口哨或者向麦克风里吹气来创建虚拟雕塑设备。

Quiver（以前称为 ColAR）是一款在新西兰人机交互技术实验室（HIT Lab NZ）开发的三维 AR 着色应用程序，由 Puteko Limited 于 2011 年进行商业化。Quiver 首先从应用程序或网站打印着色页。然后，你可以使用自己喜欢的任何物理工具：水笔、油画笔、铅笔或蜡笔等。当着色完成后，你可以使用手机或平板电脑，在增强现实技术的帮助下以三维方式查看二维页面。被你亲手涂上颜色的角色或物体动了起来，从页面中跳入现实世界，从不同的角度向你展示自己，如图 6-8 所示。

图 6-8：利用 Quiver 应用，把二维图画转换到三维空间中（http://www.quivervision.com）

Scrawl 和 Quiver 演示了如何在增强现实中进行表达。这是一个可持续发展的领域，能够使所有类型的创作者（不仅仅是计算机程序员）都能够在增强现实中创造自己的作品。这两个应用程序都使用人们熟悉的与世界进行交互的方式：用双手绘画和着色，同时借助增强现实技术来提供更好的体验和进一步的创造力以及想象力。

演绎风格：新兴时代

现在。让我们来看看增强现实中新兴的其他叙事方法。

1. 抽象艺术 AR 滤镜

视觉滤镜以及其在类似 Instagram 这样的照片编辑工具中的广泛应用已经变得司空见惯，可以说在艺术上改变了我们的现实。这也是我们在增强现实中看到的。在 AR 的演绎中，并不局限于以真实的方式准确地表现现实：抽象艺术 AR 滤镜提供了一种创造性地实时表达我们看到的世界的方式。

2005 年，我在波士顿的 SIGGRAPH（一年一度的顶级计算机图形学会议，将科学家、工程师和艺术家聚集在一起）中，第一次遇到了对抽象 AR 滤镜的使用以及来自新西兰人机交互实验室的演示样例。这项演示引入了各种各样的绘画滤镜，实时地对现实存在进行渲染，从纹理效果到色温，到应用于虚拟对象和物理环境的整个场景的高斯模糊。这些滤镜将所有这些元素都融合到一个世界中，让我们很难区分虚拟元素和物理元素。

演示的目标是增加沉浸感，并在增强现实中展现新的演绎模式。值得注意的是，2005 年的这次演示使用了基准标记（印在纸上的黑白形状）来触发 AR 对象。使用这种形式的跟踪时，用户通常在整个 AR 体验中都可以看到基准标记的白色边缘，即使在其上方呈现虚拟物体的时候。通过将这些绘画滤镜实时地应用于整个场景，有助于遮蔽基准点并在虚拟物体和物理存在之间创建连续性，进一步使用户沉浸其中。随着技术的发展，现在我们不再需要基准点就可以跟踪普通的物理对象、图像和位置，从而释放了抽象艺术 AR 滤镜在这方面的工作，让它能够专注于更具创造性的表达。

Spectacle[注8]是由 Cubicle Ninjas 在 2016 年创建的一款创意应用程序，它使用 Samsung Gear VR 耳机的直通式相机提供了 50 种不同的滤镜，以增强用户身边的物理环境。它也可以让你随时拍照。与新西兰人机交互实验室的演示不同，虚拟的那部分没有被添加到场景中，只是在现实存在上附加了一层实时滤镜效果，但它仍然暗示着未来的增强现实体验会带来什么。

另外两个引入了抽象滤镜或者说"风格转换"的非 AR 应用程序是 Prisma AI[注9] 和 Artisto[注10]。Prisma 是一个照片编辑应用，你可以从智能手机或平板电脑的图像库中选择一张照片，或使用相机直接拍摄一张，然后选择来自毕加索、莫奈、梵高和康定斯基等艺术大师的 33 种不同滤镜之一，对其进行后期处理。根据 Prisma 的首席执行官兼联合创始人 Alexey Moiseenkov 的说法，Prisma 使用三个神经网络分别执行不同的任务，从分析图像到提取艺术风格，并将其应用于给定的图片。 Moiseenkov 说[12]："Prisma 使用 AI 技术，快速地将你的照片变成创意作品的素材。我们并非只是像 Instagram 提供的滤镜一样为照片上覆盖特效，而是从头开始创建新的作品。所以，实际上并没有照片的处理：我们把你的照片作为输入，执行一些操作，输出给你一张新的照片。"Artisto 是一个类似的应用程序，为短视频剪辑而不是静态照片提供各种艺术滤镜。我们还可以在苹果的 Clips 应用程序中进行照片风格的转换，并将其作为 Facebook 相机应用程序中的一项功能。

这种类型的机器学习研究可以结合 AR 将现实世界转化为艺术作品，为我们的现实着色，以实时的方式以新的方式向我们展示世界。在 1971 年的音乐剧《威利·旺卡和巧克力工厂》中，当人们第一次走进巧克力工厂的幻想世界时，他们简直不敢相信自己的眼睛。"跟我来

注 8：*http://uploadvr.com/spectacle-ar/*。

注 9：*http://prisma-ai.com/*。

注 10：*https://artisto.my.com/*。

吧，你会进入一个纯粹想象的世界，"威利·旺卡唱道。与此类似，抽象艺术 AR 滤镜为我们打开了一扇幻想世界的大门，让我们可以从现实的局限中解脱出来，以新的方式讲述故事。

2. 共享虚拟空间

AR 的第一波浪潮主要集中在单用户体验上。而在第二次浪潮中，我们已经开始看到出现新型虚拟空间的可能性——虚拟体验能够在用户之间共享，允许多用户共存和参与。它大大提升了增强现实的应用范围，在游戏、教育甚至个人经历方面，以新的方式分享我们的历史和记忆。

由电影导演克里斯托弗·诺兰开发的 RjDj 应用程序"盗梦空间应用"注11，能够借助于 iPhone 中的麦克风等传感器，根据你的环境创建不同的增强现实音景，并与你一天中的位置、活动和当下的时间整合在一起。当至少有一个其他朋友同时在他们的设备上玩这个应用程序的时候，一个你不能独自探索的新"梦境"或层级就能够被访问。如果七个人在同一个地方一起玩，就会解锁一个特殊的成就和层级。我喜欢这种人们聚在一起共享物理空间以在增强现实中进一步对故事进行探索的想法，我相信我们会看到更多这样的故事。除了游戏之外，这项设计也能够适用于互动剧场或其他艺术活动，观众的多寡可能会影响和改变故事的进程，使其每次都有所不同。

在现实生活中，与其他人分享物理空间并不总是可能的。2016 年推出的 Skype for HoloLens 和同年微软研究院设计的 Holoportation[13] 能通过实时虚拟 3D 远程传输技术，使得相距很远的人们聚集在一起，在共享的增强现实虚拟空间中一同娱乐和工作。Skype for HoloLens 能够让你的联系人看到你所看到的一切，使他们能够共享你身边的现实存在。这为我们创造了一个共享一切的环境，一个可以真正展示而不仅仅是口头说明的协作空间。

Skype for HoloLens 的典型应用之一就是修理电灯开关。在穿着

注 11：*https://apple.co/2vt9kDR*。

HoloLens 的同时，你能够将自己的视野与正在使用平板电脑通过视频聊天向你提供说明的其他人实时共享。对方能够看到你在自己的物理环境中所看到的东西，然后用箭头和图示等形式来形象地描述围绕各种电子装置进行操纵的最佳方式，教你如何将所有东西整合在一起。通过共享视野和想法，另一个人能够手把手地指导你完成一项任务。Skype for HoloLens 除了修理电器外，还在教育领域的叙述体验提升上拥有巨大潜力，它能够创建支持实时草图的协作工作环境。通过让他人与你所存在的空间进行视觉上的交流，它为我们展示了一种新的方式来与他人进行沟通并分享周围的世界。它还可以创造出一种前所未有的游戏空间，在他人的物理世界上描绘各种效果，并提供实时共享。

Holoportation 是一种新型的三维采集技术，可以实时将世界上任何人的高质量三维模型传送到世界上任何地方。与 HoloLens 等增强现实显示器结合使用时，Holoportation 技术可以让用户以远程参与者的身份去看、去听并与其进行交互，就像共享同一个物理空间一样。Holoportation 合伙人研究经理 Shahram Izadi 表示："想象一下，任何人都能够在任何时间被传送到任何地方。"在发布会的录像中，Izadi 展示了一个同事的三维影像，这个同事也穿着 HoloLens 设备。他可以在 Izadi 所在的物理空间里四处走动，两人甚至能够击掌庆祝。Izadi 还展示了位于千里之外的家人能够在与他的小女儿的游戏体验中使用这项技术，就好像他们在同一个房间里一样。

除了实时三维采集之外，该技术还能够记录和回放整个共享虚拟体验。"现在它给我的感受几乎就是时间逆转。"Izadi 说，"当我戴上HoloLens 设备时，就好像走进一个活生生的记忆，我可以从另一双眼睛以不同的角度看出去，从完全不同的方向来体会这个世界。"他指出，因为回放的内容是三维的，我们可以把它缩小并放置在咖啡桌上，或者以其他方便的方式随意摆放。Izai 说："这种对现场俘获的记忆随时随地进行体验的方式真的是非常神奇。"

Holoportation 增强了人类的记忆，扩展了我们回忆和重新体验故事的方式，也使得我们的个人经历变得更生动。现在，以虚拟三维体验方式重现事件成为可能，这一技术已经超越了人类记忆的局限性，甚至允许我们在之后的日子里从以前无法访问的不同视角来体验这些事件。无论是家庭活动、戏剧表演还是设计协作，增强现实共享空间都为这些故事的演绎创造了新的时空维度。

3. 物体讲故事

人们是否想象过，一个物体可以向你讲述它的故事呢？ Blippar 的 AR 视觉探索浏览器应用程序结合了计算机视觉、机器学习和人工智能等先进技术，致力于帮助用户更好地探索周围的世界。通过将智能手机上的相机对准产品、食物、鲜花甚至宠物等日常物品，该应用就可以识别你正在查看的内容，并进一步提供与主题相关的信息。其中包括相关的文章、视频和附近你可能感兴趣的地方，这些信息全部会出现在你的智能手机屏幕上。例如，当你用手机指向自己可能不熟悉的某种蔬菜时，应用程序将会标识蔬菜的名称，提供推荐的食谱，甚至列出附近你可以买到这种蔬菜的位置。Blippar 为探索周围的物理世界提出了一种新颖的方式，我们可以通过使用图像和物体而不是文字来寻找相关的信息，如图 6-9 所示。

图 6-9：Blippar 应用可以帮助我们识别现实生活中见到的花的品种，为我们讲述相关的故事（https://blippar.com/en/resources/blog/2016/06/09/introducing-new-blippar-app-power-visual-discovery/）

Blippar 联合创始人兼首席执行官 Ambarish Mitra 将 Blippar 称为"超越搜索的下一场革命"。在《Introducing the New Blippar App: The Power of Visual Discovery》[14] 中，他进一步解释道：

> 现在我们有了更有趣的方式来了解周围的环境，借助 Blippar，人们甚至能够在普通事物中找到隐藏的信息，发现不为人知的事实和故事。

Blippar 的视觉浏览器为我们创造了一种身临其境的体验，我们能够随时随地了解自己正在查看的内容，而无需打开 Web 浏览器，总结想要搜索的主题，并一个一个键入关键字。

随着这项技术的改进和其在 AR 眼镜上的应用逐渐发展，这种体验将会变得更具有沉浸感：我们甚至不需要将手机指向一个物体，只需要看向想要了解的东西并询问"这是什么"，这个东西就能够根据你的喜好和背景来向你讲述它们的故事，甚至调皮地问你："你想了解更多吗？"

除了零售场景和产品设计之外，Blippar 的视觉探索浏览器在教育领域也具有巨大潜力，它改变了我们搜索和获取信息的方式，同时吸引着我们去了解周围的世界。Blippar 在博客《Augmented Reality in Education: How To Turn The World Into An Interactive Learning Environment》[15] 中写道："我们认为，这项工作就像是把世界上最有洞察力的眼睛放到在世界任何地方的孩子的口袋里，并把它连接到世界上最聪明的个人导师身上。"Blippar 教育的负责人 Colum Elliott-Kelly 解释说，作为一个"导师"，Blippar 能够利用自己所知的"互联网上的一切"来帮助解释现实世界。然而，Elliott-Kelly 接下来指出，教师才是成功教育的核心。他说："我们相信，这项技术可以服务于每个走在一线的教育工作者，使他们能够做到最好，从而让学生们拥有最好的学习环境。一名戴着 Blippar 的老师可以专注于提升自己作为一名人类教师的价值。"

Elliott-Kelly 指出了 Blippar 的视觉探索浏览器在教育领域中的三种典

型应用：一是解锁课堂学习（或学校组织的户外活动）中的发现阶段；二是把现实世界变成一个学习的门户；三是降低由于缺乏教育机构而导致的文盲比例。

第一类应用主要关于学习的发现阶段。这一步主要是将学生使用 Blippar 应用程序与世界互动这一用户故事集成到教室周围的环境中，或者鼓励学生将使用 Blippar 探索事物作为校外学习的一部分。Elliott-Kelly 说："能够与教育系统和平台相结合，识别任何对象并控制其体验，这意味着学习体验的一场革命。例如，学生可以用 Blippar 对插座进行探索来学习电路和电子学，或者探索当地的桥梁来可视化展示工程科学，课程内容可以由教育工作者定制，同时还能够提供学生行为和表现的监测。"

在第二类应用中，现实世界成为学习的门户，纯由自己好奇心主导的学习者们借助于 Blippar 的视觉发现技术，能够和由正式教师指导的学生们同样拥有识别任何事物的能力。Elliott-Kelly 说："博物馆和艺术品就是这方面的一个很好的例子，世界上几乎所有的东西都需要大量的非正式学习。在这方面，我们正在思考能够赋予事物生命的方式——包括食物、艺术品、工作场所或者地标性建筑。"他还指出，人们对 Blippar 的兴趣使得用户可以为知识贡献自己的经验，而不仅仅作为一个消费者：

> 你对艺术作品的观点对其他人来说是有意义和价值的，不管这些信息是来自书面文字还是其他传统信息来源。所以，当你通过 Blippar 欣赏艺术品的时候，你不仅可以读取相关的内容，还可以贡献你自己的观点以供其他人欣赏。

第三类应用是降低由于缺乏教育机构而导致的文盲比例。有相当一部分学生因为在教室或家中没有受到好的指导（或者无法阅读）而影响到将来的发展。Elliott-Kelly 说：

> 如果想要可靠地学习生物学的内容，甚至仅仅是举一个恰当的例子，就需要学生具有相应的读写能力，外加一位经验丰

富的教育家。我们希望提供一种数字内容，能够不借助这些外在条件就将知识传递给学生们。基本思路是一样的，通过视觉探索进行识别和通过人工智能驱动引擎进行内容管理，但其主要应用场景是帮助学习者跨越学习的障碍：譬如缺乏基本知识技能和阅读能力。

随着增强现实的演绎方式和学习工具的不断发展，除了消费内容之外，贡献自己的观念也变得日渐重要。对可读写文化的支持使得我们能够更积极地参与进来，分享世界上的知识，并与世界分享自己的故事。它有助于人类学习知识，并创建知识。TechCrunch 表示[16]，Blippar 正在用自己的视觉浏览器"构建一个物理世界的维基百科"，借助于这种"边贡献边汲取"模式，它真的有可能成为人类的增强版维基百科。

4. 动作画廊和增强现实表情包

只需要从 3D 动画增强内容库中作出选择，Holgram 的 Actiongram 就可以让你操作和使用周围的虚拟物品，并自行创建和分享视频，如图 6-10 所示。画廊的可选内容中包括人（如著名演员 George Takei）、动物（如独角兽）、其他物体（如不明飞行物）和可定制的文字形状。微软公司的执行制片人 Dana Zimmerman 说[17]："我们提供了一个巨大的全息角色和相应的道具及工具的集合，你可以用它来把全息图像整合到你想说的故事里。"

图 6-10：Actiongram 允许人们用全息图像和视觉特效来演绎自己的想法。图中使用者控制自己想象中的恐龙在地毯上活动（https://www.youtube.com/watch?v=_3Y7BXEbqcg&feature=youtu.be）

你成为 Actiongram 的导演，借助你选择的角色和物品来定义属于自己的故事，并将它们放置在独特的环境中。每个故事都是不一样的，这种体验十分有趣。你用自己的想象力把虚拟元素和物理存在结合在一起，演绎出一个可以被记录和分享的故事。

使用 Actiongram 创建的故事体验不再仅仅是单一的角色或物体，它还结合了你为它们设计的情境。就像玩洋娃娃或控制皮偶戏一样，你可以通过编剧的方式围绕着特定的角色展开故事。虽然在图库中有一部分预定义的角色和动作库供你选择，但是你可以将虚拟元素与现实结合起来，以创建属于自己的故事。

Actiongram 的一个好处就是你并不需要为了在增强现实中创建和分享一个故事而成为一位程序员或者动画设计师。Kudo Tsunoda 说 [18]：" Actiongram 可以让没有任何 3D 设计技能甚至不了解视觉效果体验的人成为令人惊叹的全息故事讲述者。"Actiongram 也支持将 AR 内容结合在现实世界中，以记录那些不切实际甚至不可能的场景。Tsunoda解释说："Actiongram 允许人们用全息图和最新视觉特效来制作视频，而（传统上）这往往需要昂贵的软件和多年的经验才能做到。"美国乐队 Miniature Tigers 使用 Actiongram 为《 Crying in the Sunshine》这首歌曲创作了一段音乐视频。"借助这项技术，受《 Crying in the Sunshine》这一故事的启发，我们围绕着英雄宇航员展开了一个故事。"Kim Taylor Bennett 说，"这项技术使得我们能够和宇宙中的宇航员一起进行拍摄，就好像他活生生地坐在我们身边一样。这种体验十分有趣，令人惊叹。"影片的导演之一 Meghan Doherty 也表示 [19]，"使用新工具来讲故事的新鲜感令人兴奋"。

我相信，Actiongram 将会激发开发者的灵感，以开发更多基于动作的增强现实内容库，就像今天我们在消息应用中使用的表情包一样。数字表情包（我预测很快会变成 3D 表情包）是之前表情符号的延伸，是一种用动画图片来取代传统语言、简短表达一个故事的方式。我们可以期待，动作画廊也将发展成为一种以 3D 的形式更有趣地增强沟通的方式——以作为对今天微信等消息应用程序中使用表情包的延伸。

如果我们在 iPhone 上使用 iOS 10 便可以直接在消息中插入表情，而不是仅仅用表情回复。为什么不在现实世界甚至别人的环境中放置一个三维增强现实表情，让他们知道你的想念呢？我们可以用正在疯狂点头的三维虚拟独角兽表情（或在朋友之间建立一个共享的增强故事场景）来回应朋友从 AR 眼镜发来的消息。Actiongram 和三维增强现实表情包即将成为当今的虚拟电报。

5. 你就是明星：三维真实照片个性化 AR 头像

诸如 Actiongram 和三维增强现实表情包这类的工具可以通过展现个性化的增强现实头像而变得更加吸引人。人们很难想象 Bitstrips（2016年被 Snapchat 以超过 1 亿美元的价格收购）所开发的智能手机应用程序 Bitmoji[注 12] 的受欢迎程度，它可以让你定制一个富有表现力的 2D 卡通化身，以用于消息应用程序。在 Bitmoji 中你可以很容易地创建自己的数字形象：从几个选项中选择符合你外观的那个，如脸形、头发的颜色眼睛的颜色甚至脸部的线条。完成后，你的头像就出现在数字表情包中的各种场景中。然后，你可以使用 iMessage、Gmail 和 Snapchat 等应用程序发送自定义的 Bitmoji。Joanna Stern 在《华尔街日报》发表的文章中提到 [20]："你的脸能够传递如此多的信息，言语与之比起来苍白无力。"Bitmoji 联合创始人 Ba Blackstock 表示，在 Bitmoji 的帮助下，"你不仅能够看到文字，而且还能够看到你的朋友——这让你的信息更有人情味儿。"

目前，我们可以在增强现实消息应用程序中使用自己的二维卡通形象，在不远的将来，我们就能够使用照片般逼真的三维头像。Uraniom[注 13] 的联合创始人兼首席执行官 Loïc Ledoux 希望能够帮助你成为增强故事中的明星。Uraniom 是一个网络平台，它提供一款移动应用程序，可以帮助你创建一个逼真的 3D 头像，你可以在任何 AR 或 VR 的应用程序和视频游戏中使用。这个探索的初衷是为了解决游戏玩家们提出的一个严重问题：头像常常看起来很可怕。Ledoux 很快

注 12：*https://www.bitmoji.com/*。

注 13：*https://www.uranicom.co/*。

意识到，这项技术除了游戏外还有更多的应用场景。"将我们的头像设计与 HoloLens 这样的设备结合，这为我们提供了重新创造几乎真实的人际互动的可能。"他提到，"在增强现实和虚拟现实体验中，我们将能够与同事、家人、朋友聚在一起，分享我们的经历和感情。我坚信，为了重新创造真实的社交互动，使用看起来和现实世界相似的形象是最基础的。"

用 Uraniom 创建照片级真实的三维形象这一过程目前分三步进行。首先，使用结构传感器^{注 14} 这类三维扫描设备或配备英特尔 RealSense 的平板电脑对自己进行扫描。接下来，在 Uraniom 的网络平台上创建一个账户并上传扫描数据。最后，选择要在其中创建头像的游戏或应用，然后按照配置过程（调整头部大小、肤色等）进行相应设置。Ledoux 说："我们想重新定义你的虚拟身份。"他进一步解释说：

> 当然，在某些情况下（譬如商业合作场合），你将以完美的形象出现。然而，如果你能够选择不同的形象与家人见面，或者针对陌生人做出特有的形象设置呢？我们希望，你能够在任何设备或平台的所有数字环境中，拥有对自己数字形象的完全控制。

Uraniom 与 Holoportation 技术的不同之处在于 Holoportation 偏重于实时捕捉和实时传输，而 Uraniom 则提供预定义的三维化身，并且时刻准备好和增强现实体验的整合。Ledoux 认为 Holoportation 是一个伟大的项目，并指出了它难以快速扩展的原因。"这项技术需要 360 度的全面实时形象捕捉，对硬件配置的要求相当高；除了成本之外，还受到了某些（存储或传输）空间上的限制。"Ledoux 说，"即使将数据进行压缩，它需要实时传输的 3D 数据量也是相当巨大的。而使用增强头像，你只需要移动动画控制点即可。Holoportation 对于实时交互的趣味性和可用性毋庸置疑，但对某些用例来说，可能不是最好的解决方案。"

Ledoux 认为，Uraniom 能够极大地丰富增强现实游戏，并使其走得更远。他解释说：

注 14：*https://structure.io/*。

> 如果你在游戏中进行互动的伴侣是一个亲密的朋友，而不是一个 NPC（非游戏角色）呢？如果故事中的反面角色是某位家庭成员呢？当你在游戏中面对自己生活中的人物，与现实生活中所认识的人进行交互，你的行为会和面对电脑随机生成的人物一样吗？我想不是的！

Ledoux 的观点与 Blackstock 对 Bitmoji 通过"看见朋友的形象"以让你的信息"感觉更有人情味"的观点相互呼应。同样，使用照片级的增强真实形象也是一种人性化 AR 体验的方式。

我很高兴看到 Uraniom 在可分享幽默短片中得到了广泛应用，譬如家喻户晓的 Elf Yourself——一个由导演 Jason Zada 制作的病毒式传播的网站。通过上传自己或朋友的照片到 Elf Yourself 网站，你可以看到自己在视频中以精灵的身份跳舞，并能够直接分享这段视频。同样，JibJab 网站提供了类似的个性化电子贺卡体验，你或身边的朋友能够在短视频中以明星的身份出现。现在，你可以想象属于自己的增强现实体验，不仅仅是一个二维的跳舞精灵或者有着你的脸的其他人物，你可以分享自己或者别人的三维增强形象。像 Uraniom 这样的工具可以做到这一点。

当我们以增强人类的身份出现，我们的形象将会是真实的吗？我们会变得更高、更英俊或者更美丽，拥有不一样的眼睛颜色——就像我们用高跟鞋、化妆品、彩色隐形眼镜和整形外科手术改造自己的外表一样吗？我们的形象会传达我们真实的自我和真实的故事吗？又或者，我们会选择成为其他人，甚至是别的什么东西？我相信，我们将拥有一个定制化的 AR 形象数据库，允许我们同时发送不同版本的自己，甚至可以在现实世界中分享这些形象。不管怎样，在增强现实的第二波浪潮中，AR 形象将会根据情境进行改变以适应环境。

参考文献

[1] Matthew Lombard and Theresa Ditton, "At the Heart of It All: The Concept of Presence." *Journal of Computer Mediated*

Communication, 3, no. 2 (1997).

[2] Jay David Bolter and Richard Gruisin, *Remediation: Understanding New Media* (Cambridge: MIT Press, 1999), 8.

[3] Stephen Bottomore, "The Panicking Audience?: Early cinema and the train effect." *Historical Journal of Film, Radio, and Television* 19 no. 2 (1999): 194.

[4] Dan North, "Magic and Illusion in Early Cinema." *Studies in French Cinema* 1 no. 2 (2001): 70.

[5] Oliver Grau, *Virtual Art: From Illusion to Immersion* (Cambridge: MIT Press, 2003), 152.

[6] Jay David Bolter et al., "Presence and the Aura of Meaningful Places." *7th Annual International Workshop on Presence Polytechnic University of Valencia, Spain*: 13–15 October (2004): 37.

[7] "Exploring Future Reality," (*http://bit.ly/2fcsilZ*) NYC Media Lab.

[8] Bolter, *Remediation*, 49.

[9] André Gaudreault and Phillipe Marion, "The Cinema as a Model for the Genealogy of Media." *Convergence* 8 no. 12 (2002): 17.

[10] Yvonne Spielmann, "Video: From Technology to Medium." *Art Journal* 65 no. 3 (2006): 55.

[11] "Magic Leap Partners With Lucasfilm's ILMxLAB," (*http://thescene.com/watch/wired/magic-leap-joins-with-ilm-and-lucasfilm*) *The Scene*.

[12] Natasha Lomas, "Prisma uses AI to turn your photos into graphic novel fodder double quick," (*http://tcrn.ch/2vsYAWm*) *TechCrunch*, June 24, 2016.

[13] "holoportation: virtual 3D teleportation in real-time (Microsoft Research)." (*https://youtu.be/7d59O6cfaMO*)

[14] "Introducing the New Blippar App: The Power of Visual Discovery." (*http://bit.ly/2vlVmna*)

[15] "Augmented Reality in Education: How To Turn The World Into An Interactive Learning Environment." (*http://bit.ly/2walmyU*)

[16] "Blippar Is Building a Wikipedia of the Physical World," (*http://tcrn.ch/2u7eoyy*) TechCrunch, December 8, 2015.

[17] "Microsoft HoloLens: Actiongram." (*https://youtu.be/_3Y7BXbqcg*)

[18] Kudo Tsunoda, "Introducing first ever experiences for the Microsoft HoloLens Development Edition," (*http://bit.ly/2woZccl*) *Windows Blogs*, February 29, 2016.

[19] Kim Taylor Bennett, "Miniature Tigers Go Astronautical with Their Video for 'Crying in the Sunshine'," (*http://bit.ly/2unyM9Q*) *Vice*, September 26, 2016.

[20] Joanna Stern, "Bitmoji? Kimoji? Digital Stickers Trump Plain Old Emojis," (*http://on.wsj.com/2unRY7v*) *The Wall Street Journal*, September 28, 2016.

第 7 章

增强物体改变生活

增强现实的第二波浪潮是由对情境的理解以及与周围环境的相互作用驱动的。你的环境就是你存在的一面镜子，能够实时地反映你的需求。周围的环境现在变得能够适应变化且灵活做出响应，从而进一步为你提供个性化、高相关和有意义的体验。增强现实不再只是现实中的一个虚拟层，现在已经变成了现实世界的映射。在本章中，我们将介绍虚拟化身、智能代理、物品和材料等是如何成为活跃的情境变化因素的；通过不断地学习、成长、预测和进化，它们将为日常生活带来新的价值，并以前所未有的方式扩展我们对人性的理解。

终极自拍

今天，随着增强现实技术和人工智能的进步，我们能够比以往更加接近虚拟人类化身——它们不仅与我们在物理上十分相似，而且能够学习我们的行为并代表我们行事。"终极自拍"（Ultimate Selfie）是艺术家、科学家、虚拟现实先驱 Jacquelyn Ford Morie 博士于 2014 年《终极自拍：对人类认同的未来的思考》[1] 一文中提出的一个概念。终极自拍是一个现代人工智能代理，在使用它的过程中，它将会学习我们的行为，甚至可以成为我们在人类寿命终止后留下的遗产。"当我们到达一个阶段，在使用这些角色的时候，它们能够向我们学习；当我们不在的时候，它们可以成为我们的替代；那为什么当我们不复存在的时候，它们不能继续存在呢？"Morie 博士问道，"现在我们可以想象，自己的后代能够与祖先进行交谈，寻求建议，或者询问家族史等。这就是终极自拍的意义所在。"

Morie 博士确定了五个重要趋势，为"终极自拍"提供了设计理念。第一个趋势是提高传感器的精度，以更精确地采集我们身体的工作数据。她指出，随着可穿戴技术和传感器被整合到日常生活的数据采集中，量化自己的行为已经成为主流现象。"这个趋势涵盖了胸针和腕带等一系列产品，设备将会成为我们日常服装的一部分，与衣服合为一体。最终，我们可能会看到它们以真正的超人文主义方式植入我们的身体。"Morie 博士说。

第二个趋势是增强对人类外观数据的捕捉。"我们现在已经有了足够高级的方法，不仅能够细化我们的三维模型，而且还能精确地将我们外表的复杂组成部分数字化。"Morie 博士表示，"现在至少有十几家公司专注于虚拟形象的创作，要找到一个可以对整个身体进行扫描建模的地方并不困难。"她认为，我们可能很快就会看到，在每个人的生命中都会多次进行 3D 扫描，3D 形象将会取代快照成为主要的信物。对更真实的人物表示的需求日渐增长，拥有理想的 3D 形象将至关重要。

你的定制化形象还能够在虚拟环境中使用你的面部表情和身体动作作为其演示的一部分，为"终极自拍"增加真实感，如图 7-1 所示。High Fidelity 这类公司为用户提供了能够创建和部署虚拟世界的 VR 平台（由 Second Life 创始人和前首席执行官 Philip Rosedale 于 2013 年 4 月创建），并在这方面取得了长足的进步。在这个领域开展形象拟人化工作的公司还包括 Quantum Capture 和 Soul Machines。这也暗示了第三个趋势的发展——新的传感装置使我们能够捕捉到独特的行为和动作。这个领域发展的典型还包括动作捕捉技术，从民用深度感应相机，如家用电脑游戏中使用的 Kinect，到在好莱坞电影制作中应用的复杂系统——身着套装的人类演员能够扮演计算机生成的角色，如电影《阿凡达》中的角色 Na'vi。

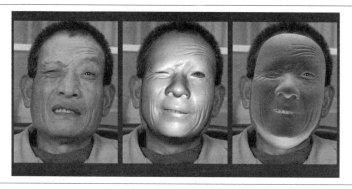

a) 原始人物   b) 阴影合成   c) 规则合成

图 7-1：实时面部表情与虚拟形象合成样例（https://www.youtube.com/watch?v=MMa2oT1wMls&feature=youtu.be）

第四个趋势的重点是如何展示前三个趋势中收集的复杂数据。Morie 博士的"终极自拍"概念的出现早于可以与之互动的增强现实可视化技术，如 HoloLens。虽然 HoloLens 还没有像 Morie 博士提到的第一个趋势那样整合来自我们身体的数据，但总有一天它会完成这项工作。微软已经为 McCulloch 等人的增强现实助手技术 [2] 提交了专利，专利号 9030495，于 2012 年 11 月 21 日提交，并于 2015 年 5 月 12 日通过。这项技术为 HoloLens 添加了一套生物测量数据传感器系统，以监测和响应用户的压力水平，收集佩戴者的心率、排汗量、脑波活动等身体信号。在某种程度上，收集用户身着 HoloLens 时物理上和情绪上对特定情况的反应数据，有助于对"终极自拍"的进一步训练。

Morie 博士指出的第五个趋势是"定制化的远程会议形象"。她总结说，我们已经习惯于使用会议室中的视频会议——BEAM 远程会议系统，还有我们的计算机和智能手机上的 Skype 和 FaceTime 等技术，这些都能够有效地帮助我们看到其他人，尽管相隔万里，但是仍然可以讨论问题。在不久的将来，如前一章所提到的那样，我们可以使用 Holoportation 和 HoloLens Skype 等系统来实现"定制化的远程会议形象"，这可以与"终极自拍"结合来提供更好的体验。

Morie 博士认为，这五个趋势使我们能够更好地采集和投射自己的形象，并帮助我们个性化一系列以人为本的需求，譬如同时在两个地方出现。这个目标的实际意义相当重大，Morie 博士给出了一个使用"终极自拍"的宇航员的例子。"未来，当宇航员在长期太空任务中旅行时，预计在下一个十年内，他们将无法实时与地球上的朋友和家人视频聊天，就像他们现在在国际空间站所经历的那样。美国宇航局正在调查利用虚拟现实技术来帮助解决社交隔离这一典型心理问题，当飞行员离开地球之后，他们的航空任务可能长达三年，而在此期间内与地球的通信将会有长达 40 分钟的延误，于是，与人类的实时接触和交流将会是我们不得不面对的棘手问题。"[1]

"终极自拍"还可能对那些与世隔绝、行动困难或者处于相对封闭的社区的人有益。Morie 博士说：

> 能够以虚拟形象进入虚拟环境，与来自世界各地的亲友会面，
> 可以更好地维护人与人之间的关系。下一步的发展可能是只属
> 于你的终极自拍，这将会是你自己从肉体到灵魂的完整体现。

她指出，现在我们需要实现的是在 VR 社交平台上实时使用的虚拟形象，包括通用的或个性化的。她补充说："未来，这样的 3D 数字自拍将会学习你的行为，举止行为看上去像你一样，并且能够与他人进行相对更复杂的交互。"

离虚拟形象可以真正代表我们站在舞台上还需要一些时间。为了达到这个目的，虚拟形象需要在被你使用的时候学习你的行为，这样当你不使用虚拟形象时，它可以继续这种行为。从本质上讲，你将会开始训练你的人工智能副本。一种方法是记录你的常见操作，以便在你没有出现的时候，你的虚拟形象可以通过相应脚本执行同样的操作。虚拟形象也能够通过社交媒体学习我们的行为和偏好——我们往往会在社交媒体中记录自己的生活事件。例如，你在 Facebook 的日程计划中包括了你已经做完的和对你重要的事情。Morie 博士提出了一个问题："在什么情况下，我们的时间线可能会被人工智能副本——"终极自拍"所取代？我认为，当我们的研究走在正确的道路上时，这件事情很有

可能发生。"[1]

Morie 博士表示，为了使"终极自拍"成为现实，我们需要一个更加复杂的人工智能架构来支撑这些形象，使它们能够真正地学习并保留在人类使用过程中发生的信息和行为。她认为这是最大的挑战。Morie 博士说："我们希望拥有的不仅仅是一个普通的人工智能代理，而是一个能够和使用者一起成长及发展的虚拟形象。"

人工智能的回归

Eterni.me 是麻省理工学院的一家初创公司，其产品定位是帮助你获得永生。Eterni.me 网站上写道："它生成了一个虚拟的你，一个模拟你的个性并能进行互动的虚拟形象，能够在你离世之后为你的家人和朋友继续提供信息和建议——像过去在 Skype 中聊天那样。"

Eterni.me 的创意与英国广播公司（BBC）的第四频道电视连续剧《黑镜》(Black Mirror) 第二季的第一集"BeRight Back"非常类似，在剧中，寡妇玛莎借助于最新的技术能够与新亡的丈夫阿什进行交流。但是，它实际上并不是阿什，而是一个由人工智能程序支持的虚拟形象，能够通过阿什生前的社交媒体画像和在线通信记录（例如电子邮件）收集关于阿什的信息。在一开始，玛莎只能够和虚拟的阿什聊天；在上传阿什的视频文件之后，人工智能程序从中学习到了阿什的声音，玛莎从此可以通过电话交流。Eterni.me 希望通过"收集几乎所有你在生活中创造的一切，并使用复杂的人工智能算法处理大量的信息"，以类似的方式使你永生。

在 Eterni.me 上发表的《A Creepy New Startup Wants To Create Living Avatars For Dead People》[3] 中，Adele Peters 写道："虽然这项服务承诺让你所做的一切都在线存储，从而永远不会被忘记，但是，是不是大多数人都希望所有这些信息永远存在，这一点还不清楚。"如同我们看到的那样，我们这一代人会"在 Instagram 上记录每一餐"以及"在 Twitter 上记录每一个想法"，Peters 问道，"当我们离去的那一天，我们要怎么处理这些信息呢？"

也许未来将会出现一个工作：永恒化身博物馆馆长。在2004年由Omar Naim 执导的影片《最终剪接》中，Robin Williams 饰演了一名"剪辑者"，他对人类记录的历史进行了最后的编辑。嵌入你身体的芯片能够记录你在生活中的所有经历，而 Williams 的工作是研究所有你所存下的记忆，制作一个只有一分钟的亮点视频。

Eterni.me 的人工智能算法足够聪明吗？它真的可以进行最终编辑，区分所有平凡的体验和重要的经历，以准确地呈现我们的遗产吗？在《黑镜》中，玛莎最终告诉虚拟的阿什："你只是他生活中的一些碎片。你没有经历过任何事情。你只是表现他的行为而不是思想，这是不够的。"

Eterni.me 的创始人 Marius Ursache 认为，仅仅收集信息是不够的。你需要与你的形象进行交互，以帮助它理解信息并对其进行微调。Ursache 说："人们需要在他们还活着的时候训练他们的形象。这是因为我们现有的算法和人工智能并不能从几个零零散散的电子邮件或 Facebook 的帖子中重新创建人物的意识。为了使头像可信且栩栩如生，我们仍然需要花费数年时间收集数据和训练模型。"

Ursache 对 Eterni.me 形象做了一个生动的比喻——个人传记的作者：

> 它会想要尽可能多地学习你的东西，从你的社交媒体、电子邮件或智能手机中获取各种线索。它会尽力在你所做的一切事情中找到意义和背景，并且会每天都和你进行短暂的聊天以获得更多关于你的信息。如果你想上传你的想法、你的个性和（可能在未来）你的意识，很抱歉，现在没有捷径。为了你的余生，你将不得不每天都这样做。每天十分钟，加起来长达几千个小时的训练数据，将帮助它更好地讲述你的故事，并且实事求是。

在开始时，Ursache 将你的 Eterni.me 比作电子宠物。他解释说，"一开始它的智能程度相当有限，但是你与之交谈得越多，它就越容易获得信息，变得越聪明。把它想象成一个孩子，它会在成长的过程中学到越来越多，直到变成一个完全的人类。"[4] 这就是人工智能的进化轨迹：不断了解，不断成长，然后随着你的使用变得越来越聪明。Spike Jonze 在 2013 年拍摄的电影《她》中介绍了世界上第一个智能操作系统萨曼莎。《她》让我们得以一窥即将到来的增强生活：未来，我们的设备将和我们共同学习，一起成长。

除了创建个人形象之外，像萨曼莎这样的智能代理将替代我们做一些事情。这些智能代理会很好地了解我们，了解我们的行为、我们喜欢的事情、我们讨厌的事情、我们的家人和朋友，甚至我们的重要统计数据。未来学家 Brian David Johnson 描述说，数十年来，我们与技术的关系在某种程度上一直是基于命令和控制的输入 - 输出模型：如果命令没有正确传达，或者我们有不同的口音，系统将无法工作。Johnson 相信，我们和技术的关系现在将会变得更加智能。计算机能够了解你，知道你在某一天将会做什么，并据此提供个性化的体验，以提高你的工作效率。

他说，这可以"帮助我们专注于人类的工作"，就像在《她》中所展示的那样，萨曼莎最终帮助西奥多回到了更多的人际交往当中去。Johnson 表示，技术只是一个工具，我们对自己的工具进行设计，将我们的人生观和价值观灌输给它们。我们也可以借助这种能力更好地对机器人进行设计，来照顾我们所爱的人，丰富我们的人生。他把这种设计称为"更好的天使"。Johnson 认为我们首先需要问的问题是"我们优化的目标是什么？"他说答案应该是让人们的生活更美好，对此我完全同意。

英特尔的互动体验研究总监 Genevieve Bell 博士描述了一个计算主导的世界，在这个世界中我们与技术进入了更加互惠的关系，技术开始关注我们，预测我们的需求并主动为我们做事。Gartner 的研发副总裁 Carolina Milanesi 也回应了 Bell 博士的预言。"如果需要和老板见面，系统会早早叫你起床；在交通繁忙的时候，如果要和你的同事开会，系统会帮你发送道歉信。智能手机将收集来自日历、传感器、用户地理位置和个人数据等各种背景信息，以协助决策。"Milanesi 说，"Gartner 认为，2017 年之后，你的智能手机将比你更聪明。"[5]

Gartner 的研究显示，这项研究可以与自动执行的初始化服务一起工作，以协助处理那些技术含量低且耗时较长的日常琐事，譬如设置日历或对乏味的电子邮件做出回复。随着人们对外包那些琐碎工作给智能手机的信心逐渐建立，消费者将更加习惯使用智能应用和服务来控制他们生活中的其他方面。Milanesi 说："电话将成为我们的秘密数字代理，前提是我们愿意提供给它们所需的信息。"[5]Bell 博士相信，我们将超越与技术的"互动"，进一步与我们的设备建立信任的"关系"。Bell 博士认为，十年之后，我们的设备将以一种前所未有的方式，直观地了解我们是谁。

Gartner 将这场革命称为"认知计算"时代，并定义了其中的四个典型阶段：与我同步，看我行动，与我相知，成我化身。当我们在《她》中看到萨曼莎出现时，"与我同步"和"看我行动"已经开始进行，而"与我相知"和"成我化身"即将到来。"与我同步"能够存储你的数字资产的副本，并使这些数据在所有的上下文和关键点之间保持同步。"看我行动"则知道你现在在哪里，包括在现实世界和互联网上的位置，并能够检测你的情绪和背景，以提供最好的服务。"与我相知"能够预测你需要什么，并且主动地把它呈现给你。"成我化身"则是智能设备向人类学习的最后一步。通过访问西奥多的所有电子邮件、个人文档和其他信息，萨曼莎的任务从最初管理西奥多的日历逐渐演变为收集他写作的一些情书并将其发送给出版商，甚至代表他行事。"成我化身"也是智能代理变得足够聪明，可以转化成你的永恒化身或者"终极自拍"的关键点，它了解你的一生，能够从你最后一次出现的地方替你走下去。

唤起计算

讲过了智能形象和永恒化身，我们现在来看看智能空间和物体。"唤起计算"是东京大学石川奥谷实验室的研究人员于 2011 年提出的一个概念，该系统使用空间音频和视频将日常物体转换为通信设备。通过做出相应的手势来表现要使用的设备的特定场景，普通的物体将被唤起，以满足你的需求。这个概念已经被证明可行：人们已经实现了能够用作电话的香蕉和用作笔记本电脑的比萨盒，如图 7-2 所示。

图 7-2：能够当作笔记本电脑使用的比萨盒子，手指在屏幕上滑动就可以操控音量（https://www.youtube.com/watch?v=ZA6m2fxpxZk&feature=youtu.be）

如果想要把香蕉变成电话，你只需要拿起一根香蕉把它靠近你的耳朵。增强现实系统将会识别你的手势和物体，借助于隐藏的定向麦克风和扬声器，使你手中的香蕉可以作为真正的手机使用。如果想要使用笔记本电脑，你只需要打开一个比萨盒，在硬纸板上做出打字的动作。映射到现实中的视频和音频将把你膝盖上的比萨盒变成一台真正的笔记本电脑。该研究小组在未来的计划中，打算扩大唤起计算能够识别的手势和物体的范围，最终目标是创建一个能够理解你的想法和需求的无所不在的 AR 系统。

但是你可能会问：为什么我要用香蕉作为手机，或者把比萨盒当作笔记本电脑？唤起计算为我们展示了一种通信技术无处不在、不再依赖于特定对象的情景。想象一下上次你无意中把智能手机留在家中的情况。那时你的感觉是怎样的？根据人们日常生活中对智能手机的使用习惯和依赖，你可能感觉到自己和世界的连接被切断，工作任务无法顺利完成，甚至产生类似赤身裸体的焦虑感。而唤起计算为人们带来了一种新的便利，你不再需要随身携带通信设备，在有需要的时候，你可以拿起身边的任何物体来用。

在唤起计算的帮助下，新功能可以作为独立的层级，在原本不具备这些特性的普通物体之上实现。我们可以在需要的时候，把香蕉想象成智能手机然后激活它，用完之后它就可以回到无生命状态。这是响应式对象和环境的新时代的开始，物体和环境可以依赖于具体的需求和情境驱动。结合人工智能技术，基于用户的情境和具体需求，唤起计算可以创建一个智能环境来预测下一步的操作。

唤起计算为我们描述了这样一个世界，它仍然植根于物理存在，然而这些物体的状态能够随着需求的变化而变化。需强调的是我们对物体的操作和期望的功能，而不是物体本身的物理特性——通常是为特定的或者单一目的而设计的。唤起计算可能会为工业设计领域带来一场革命，任何对象现在都可以针对相应的需求执行任何任务。我们不再需要各种电子设备、家用电器或是工具，想象一下我们只需要使用一小部分物体就可以了——它们能够转换成任何需要的东西。未来学家 Bruce Sterling 评论说，唤起计算还将为我们的可持续发展提供更多可能性——人们将不再留下物质足迹，因为所需的一切都可以被随时唤醒和使用。

四维打印

借鉴了唤起计算对音频和视频投影系统的使用，计算机科学家 Skylar Tibbits 提出了"四维打印"这样一个概念，即将增强现实技术内置在物理材料中，允许物体智能的成长和自适应。就像香蕉手机的例子一样，四维打印不是我们传统上认为的增强现实技术，它指向的是可拓展的情境响应和可进化的物体这一概念，在这个基础上我们可以与环境更好的交互、整合并沉浸其中。

Tibbits 是麻省理工学院自组装实验室的主任，他的团队正在进行四维打印的研究，以开发在环境发生变化时能够自行组装或进化的"智能物体"。Tibbits 在《4D printing: buildings that can change over time》[6] 中提到："在新兴的四维打印技术中，原本的 3D 打印材料将会随着时间的推移而变化，这意味着我们可以创造出能够逐渐适应我们的使用方式或者根据周围环境进化自身的物体。"Tibbits 将第四个维度描述为能够在时间轴上做出反应并改变相应内容的设计——这些内容并不是静态的，它们能够自我进化，并具有内在的可塑性。他表示："这是一项针对如何制造物品的颠覆性设计。也是将来整个制造业的一个范例，我们将能够使物品更具可塑性，甚至自我进化。"

四维打印甚至可以挽救生命，譬如将这项技术应用在危险区域来协助救灾。四维打印技术可以用来构建遇水收缩或膨胀的管道，以帮助对抗飓风带来的径流——它们的直径在一开始将不断增长，并在危机结束时马上收缩。四维打印还可以应用于灾害住房或难民营的建造，非专业劳动者可以不经过任何帮助将它们搭建起来。

为了使这些设计成为现实，Tibbits 的实验室正在与 3D 打印制造商 Stratasys 合作。Stratasys 已经开发出一种遇水膨胀 150% 的印刷材料。Tibbits 和他的团队正在进行下一步研究——如何使用几何来精确地描绘物体的展开并形成特定的角度，而不仅仅是让它们膨胀起来。这与 3D 打印机传统上基于蓝图的工作方式不同，为了制作四维的东西，打印机需要输入复杂的几何学代码，其中包括能够表明印刷品在面对诸如水、运动或温度变化之类的环境因素时会如何改变形状的测量结果。几何学代码中定义了材料能够卷曲的范围，以及弯曲的方向、角度和次数。

在 2013 年的 TED 演讲中，Tibbits 展示了四维打印的概念：作为示例，我们看到了仅仅一条四维打印材料自行折叠成 "MIT"（麻省理工学院）这个词的过程，如图 7-3 所示。他指出，科学家已经能够对物理和生物材料纳米技术进行编码，来改变它们的形状和性质。Tibbits 表示，让这项研究在全人类规模上取得成就颇具挑战性，但这并没有阻止他的实验室对这种可能性进行探索。他将建筑学视为应用自组装材料的最具潜力的领域之一。Tibbits 说，他的实验室正在与工业界的伙伴紧密合作，逐渐将这个概念融入到他们的业务中。

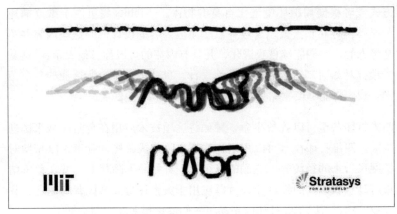

图 7-3：四维打印材料自行折叠成"MIT"一词（http://www.selfassem-blylab.net/4DPrinting.php）

Tibbits 认为四维印刷的另一个极有潜力的消费领域与运动相关。作为例子，他设想了一双可以根据使用的环境来改变它们的功能和形状的运动鞋：

> 如果我开始跑步，运动鞋应该变成跑步鞋的样子。如果我打篮球，它们就会变得更能支持我的脚踝。如果我在雨天的草地上走路，它们应该自动长出防滑钉或防水层。当然，鞋子不需要理解你正在打篮球，但它可以分辨出你的脚正在如何受力或是如何发力。它可以根据环境压力或者湿度和温度的变化，自动进行变化。

这个概念的用途也可以推广到建筑物，从而使建筑物能够在形式、结构和用途上与不断变化的环境（包括建筑物的使用者、与之互动的人）互相吻合。例如，建筑物自身可以根据天气、光照时间、使用者的背景和社交场景进行调整。这样的四维打印系统可以改变建筑师和工程师设计和制造建筑物的方式。

Tibbits 为我们留下了一个问题："如果这个世界的所有人、所有机器、所有材料都能够精诚合作，结果将会怎样呢？每种存在都有新的东西可以提供，我们可以与各种存在进行更丰富的交流。"随着增强现实的发展，技术将努力实现与不断变化的用户需求和日新月异的环境的实时双向对话。增强现实将不再是一个噱头式的设计层面，而是一个动态的、有意义的、响应式的、能够适应实时需求的体验，在这项体验中，用户可以随时随地与他的环境进行对话。Tibbits 的概念可以被整合到一系列内置自适应行为能力的 AR 体验中，这项体验中的每一个物体都能够作为活跃的响应对象，自行成长以适应情境变化。

编辑现实

麻省理工学院媒体实验室流体界面小组的研究员 Valentin Heun 认为，增强现实是用户和环境之间的双向对话。Heun 在 2016 年于加利福尼亚州硅谷举办的世界博览会上的讲话中指出：

> 有趣的是，当你将增强现实视为一个单向交流方式时，你获得的是消费数据和消费视频之类的媒介。但是当你把它看作一个双向链接时，你突然得到了一个非常强大的工具，这个工具可以说是一把数字版的瑞士军刀，你可以用它来改变世界。

Heun 已经开发了一个名为“现实编辑器”的 iOS 应用程序，利用增强现实技术来重新编辑物理世界。该应用程序允许你通过用手指在智能手机或平板电脑的屏幕上绘制连接的方式，与周围的智能物理对象真正创建链接，如图 7-4 所示。“事实上，这只是一个开始，我们需要弄清楚怎样才能使我们身边的物理存在非静止地连接起来，以及我们应该如何与它们互动。我们只迈出了小小的第一步，因为现在，我们还不能做到这个程度。”Heun 在《Indistinguishable Reality: A Conversation with Reality Editor's Valentin Heun》[7] 中提到。他将现实编辑器称为一款数字工具——一把螺丝刀，你可以用它来连接并操纵相应的物理世界里物体的表现。

该应用程序尚未成为成熟的市场产品，现阶段它运行在一个名为 Open Hybrid 的开源代码平台上，你可以使用它将虚拟接口直接映射到物理对象上。目前，我们通过在物体上创建一个标签（类似于二维码）来进行链接，但 Heun 指出，这并非必要，未来我们会将结合图像识别技术将这一功能内置到应用程序中。Heun 使用 Open Hybrid 网络创建了一个成功的示例，他将一盏灯、一把椅子和他的汽车链接了起来，从而简化了下班时的流程。他说："想象一下，你坐在椅子上这一状态实际上是对环境的一个信号，当你离开时，环境会感知你的离开，并作出反应。"他只需要从工作时坐的椅子上站起来，走出门，灯会自动熄灭，他的车也会自动被激活并启动，车内的空调已调至恰当的温度。

图 7-4：在"现实编辑器"中，用户可以通过手机来控制现实生活中的物体
(http://realityeditor.org/)

使用 Open Hybrid，你还可以择取某个物体的功能，并把它添加到另外一个物体上——只需要从应用程序中由对应的那个组件向下个组件绘制一条线就可以了。例如，如果你希望食物处理器具有计时功能，只需要将智能手机或者平板上的照相机指向对应的设备，然后使用"现实编辑器"应用，从另一个具有计时功能的物体（比如烤面包机）画一条线到食物处理器就可以了。此后，这两个对象将通过 Open Hybrid 服务器自动连接。像"唤起计算"和"四维打印"一样，"现实编辑器"可以改变我们的对物体的使用方式和物体自身的概念，为我们带来了超出其物理形态的可能性。

Heun 也讨论了物理存在和虚拟物体之间的区别：物理物体通常是静态的，而虚拟物体是非静态的，可以随时改变，并且可以具有不同的属性。"所以，真正有趣的是，如果你有一个不完全是静态的物理对象，那么这个物理对象实际上可以改变它的运行方式，我们可以在'出厂之后'再来决定如何使用它,"Heun 说,"现在我们有了一个新的挑战：从设计的角度来看，这个技术将会如何发展，我们可以用它做些什么。"

增强现实技术有潜力改变我们体验世界的方式，甚至自行进化。当我们开始探索这些超越了传统物理形式的虚拟功能时，我还有两个重要的问题要问：在拥有了能够设计任何东西的能力之后，我们将创造什么？我们怎样才能利用这些新发掘的能力来最好地丰富、发展和提升人类？

参考文献

[1] Jacquelyn Ford Morie, "The Ultimate Selfie: Musings on the future of our human identity." *23rd Annual Conference On Behavior Representation in Modeling and Simulation, Brims* (2014): 93-102.

[2] McCulloch, et al., Augmented reality help, (*http://bit.ly/2u1Cp5U*) US Patent 9,030,495, filed November 21, 2012, and issued May12, 2015.

[3] Adele Peters, "A Creepy New Startup Wants To Create Living Avatars For Dead People," (*http://bit.ly/2vudyfy*) *Fast Company*, February 18, 2014.

[4] Marius Ursache, "The Journey to Digital Immortality," (*http://bit.ly/2unlKrx*) October 23, 2015.

[5] "Gartner Says by 2017 Your Smartphone Will Be Smarter Than You," (*http://www.gartner.com/news room/id/2621915*) November 12, 2013.

[6] "4D printing: buildings that can change over time," (*http://www.bbc.com/future/story/20130709-buildings-that-can-make-themselve*) *BBC*, July 11, 2013.

[7] Will Shandling, "Indistinguishable Reality: A Conversation with Reality Editor's Valentin Heun," (*http://bit.ly/2wpidvB*) *Designation Blog*, February 19, 2016.

第 8 章

身为界面

> 在 21 世纪，技术发展的方向将会是逐渐进入我们的生活，随风潜入，润物无声。借助于和日常生活融为一体，技术的影响将会增加十倍。随着技术的嵌入变得更加微妙和隐蔽，它可以将我们从琐事中解放出来，给我们平静的生活，同时保持我们真正重要的那一部分联系。
>
> ——Mark D. Weiser, 1999

已故的 Mark D. Weiser 是美国施乐 PARC（帕洛阿尔托研究中心）的首席科学家，施乐 PARC 是硅谷最受尊敬的机构之一，也是技术创新的源泉，在这里诞生了一系列重要的计算机领域发明，如以太网、图形用户界面（Graphical User Interface，GUI）和个人计算机等。Weiser 设想了一种能够将计算机嵌入日常物品中的未来，即技术隐于幕后，不再分散我们的注意力，而是为我们提供平静和专注的生活。

1996 年，他与施乐 PARC 首席技术专家 John Seely Brown 一起撰写了《The Coming Age of Calm Technology》这一评论文章。平静技术可以概括为技术的隐于幕后和自然使用，它不会打断或阻碍我们的生活。所有的技术都在后台工作，只有当你需要的时候才会出现。这也是我个人对增强现实的发展的第二次浪潮的核心观点：它并不会让我们在形形色色的智能设备中迷失，而是将技术隐藏在背景之中，让我们能够作为纯粹的人类而享受每时每刻，更深入地沉浸在围绕着我们的现实世界中。

在 2014 年的《Calm Tech, Then and Now》[1] 这一采访中，Brown 谈到了平静技术需要具有的力量——预见性和适应性。它静静地隐藏在幕后，感受着你所在的环境，它能够预见到自己什么时候需要启动，并在没有指令的情况下准确地行动起来。平静技术的这个方面可以和第 7 章联系在一起，在这一部分，我们对能够适应环境并不断进化的虚拟化身进行了研究，经过训练的"终极自拍"能够结合情境和意识，以你的形象出现，并代表你行事。在本章中，我们将对平静技术的想法做进一步的介绍，我们从自己的身体开始增强的步伐，以创造几乎无形的界面。从穿在身上的电子纺织品，到体内嵌入芯片，再到脑电控制交互，技术不仅将悄然隐于幕后，而且将变得更个性化，与我们更加亲密。

电子皮肤和触屏身体

1996 年，Weiser 在他主编的普适计算网页[2] 上写道："普适计算与虚拟现实大致相反。虚拟现实将人们置于计算机生成的世界中，而普适计算则希望计算机与人们在现实世界中生活在一起。"就像普适计算一样，增强现实（AR）与虚拟现实（VR）的差异也是类似的。增强现实在真实世界为我们提供更好的体验，在这个领域内，变得不可见的是技术，而不是现实或现实世界中的人。在技术进步和普适计算的协助下，我们有着巨大的机会来发展增强现实，从而改变我们存在的方式，以更少的注意力分散和更深层次的交流与周围环境相互作用。

对于 Weiser 而言，普适计算的终极目标是"使计算机极为嵌入，极为贴合，极为自然，以至于我们甚至不用思考就能够使用它"。身体也许是我们拥有的最"自然"的界面。可用性研究专家 Jakob Nielsen 在《The Human Body as Touchscreen Replacement》[3] 中写到，"当你触摸你自己的身体时，你能够完全感觉到自己触摸到了什么——并得到比任何外部设备都要好的反馈。而且，你永远不会忘记带上你的身体。"

在参加人机交互的顶级研究会议《计算机系统中的人类因素会议》期间，Nielsen 对两个利用人体本身作为用户界面的项目印象深刻，它们是 Imaginary Interfaces[注1] 和 EarPut[注2]，在其中能够使用身体而不是屏幕直接体验沉浸感，如图 8-1 所示。

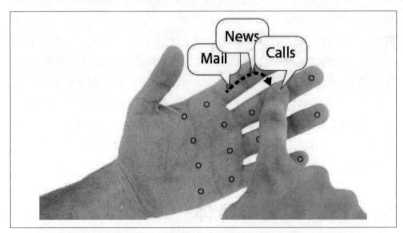

图 8-1：碰触手掌上的特定位置就可以执行相应的操作（https://www.nngroup.com/articles/human-body-touch-input/）

虚拟手机[4]（Imaginary Interfaces 项目的一个部分）由 Sean Gustafson、Bernhard Rabe 和德国哈索·普拉特纳研究院的 Patrick Baudisch 设计，是一款基于手掌的无屏幕用户界面设计。用户界面是"虚构的"，因为除了裸露的手掌心本身没有任何东西。没有投影，也没有可视化数字层。设计虚拟手机的研究人员之一 Patrick Baudisch 指出，在我们刚开始使用个人数字助理（PDA）的时候，手写笔是必不可少的，后来随着 iPhone 和触摸屏的出现，对手写笔的需求就慢慢消失了。Baudisch 说，他希望我们能够在不依赖屏幕这个方向走得更远。

虚拟手机技术使用放置在用户上方的小型深度感应相机（也可以将其佩戴在身体上）来定位用户手指的位置以及触摸的部位。即使手机被

注 1：*https://hpi.de/baudisch/projects/imaginary-interfaces.htm/*。
注 2：*https://www.tk.informatik.tu-darmstadt.de/en/research/tangible-interaction/earput/*。

放在口袋里或者是别的什么地方而不在视野范围内，你也可以使用该界面与自己的手机进行交互。Baudisch 指出，虚拟手机对于我们每天执行的大量"微交互"非常有效，例如关闭闹钟、回复语音留言或是设置计时器，这一切事宜都可以通过直接在手掌上进行操作来完成，而无需接触手机。当你触摸手上的特定区域时，将会激活个性化定义的相应功能，并与你的手机进行连接，如图 8-2 所示。

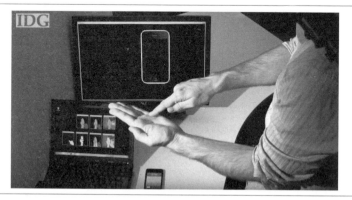

图 8-2：用户通过直接在手掌上进行操作来关闭闹钟。深度感应摄像头可以实时定位手指的位置从而执行相应的功能（https://www.youtube.com/watch?v=xtbRen9RYx4&feature=youtu.be）

研究人员在正常使用的情况下进行了一系列的实验，研究对象被证明能够用同样的速度在常规触摸屏手机或者虚拟手掌系统上执行功能。然而，有趣的是，被蒙住眼睛的用户在触摸手掌系统的时候，其操作速度是普通触屏手机的两倍。我们收集到了许多与可访问性和辅助技术相关的使用场景，例如盲人辅助技术，例如当用户视线受限而无法直视手机时，或用户不想被打断正在进行的工作时——我们不希望技术中断人际交往。

来自德国达姆施塔特技术大学的研究人员 Roman Lissermann、Jochen Huber、Aristotelis Hadjakos 和 Max Mühlhäuser 创 建 了 一 个 名 为 EarPut 的原型 [5]，该原型提出了一种使用耳朵作为交互式界面的人体触摸屏替代品。研究人员指出："移动互动所面临的普遍挑战之一是降低对于界面设计的视觉需求，把人们的眼睛从界面上解放出来。"EarPut 支持无需视线单手操作的手机互动。它可以激活其他非交互式设备，譬如普通的眼镜或耳机，并补充现有的头戴式设备的交互功能。在 EarPut 的发明伊始，它是作为 Google Glass 框架的一种基于触摸的扩展出现的。

研究人员定义了几种 EarPut 可能的交互方式，主要包括接触耳朵表面的某一部分，譬如牵引耳垂（作为开关命令）、上下滑动手指（作为音量控制），以及覆盖耳朵（静音的自然手势）。研究人员也为 EarPut 设计了一系列远程控制功能，包括控制移动设备（特别是在播放音乐时），控制家用电器（如电视或电灯）和手机游戏等。

在利用我们的耳朵与手掌进行交互之外，麻省理工学院的研究人员还进行了一系列研究；其中包括 Katia Vega 基于 Beauty Technology 开发的应用于脸部和身体的导电化妆，以及由 Cindy（Hsin-Liu）Kao 为 NailO 设计的微缩拇指触控板。Kao 还与微软研究院合作，与研究人 员 Asta Roseway、Christian Holz、Paul Johns、Andres Calvo 和 Chris Schmandt 共同开发了短期纹身皮肤界面 DuoSkin。所有这些项目（包括 EarPut 和 Imaginary Interfaces）都还处于研究和原型设计阶段，目前还没有可用的商业产品。我们可能会选择首先将平静技术理念融入到可穿戴设备中，下一步才是将身体和皮肤本身作为触摸屏的产品设计。

响应式服装

响应式服装的设计中嵌入了一系列的传感器，这些传感器可以对用户的背景、环境、身体和运动进行实时的检测和响应。在整合平静技术的原则之后，响应式服装已经可以为我们创造新的用户交互体验，同时为增强现实设备的生态系统带来新的元素。响应式服装可以帮助引导你到特定的地理位置，教你学会一段钢琴曲——甚至包括其中蕴含的情绪和表现力，你可以使用生物信号来展示自己的兴奋或者疲惫。技术体验正在慢慢转向以人为本，诸如"导航外套"和"归家鞋子"

之类的案例告诉我们，技术不会打断或干扰我们的生活。

Dominic Wilcox 创建了一款 GPS 鞋子的原型——"归家鞋子"，能够引导你到指定的目的地。在 1939 年摄制的电影《绿野仙踪》中有这样一幕，多萝西敲击了一下脚后跟就回到家乡；受此启发，这款鞋子将定制的地图数据与 GPS 系统嵌入脚跟中，可以通过脚跟敲击激活。

作为导航旅程的第一步，我们需要使用计算机在 Wilcox 开发的定制软件的地图上输入所选择的目的地。在计算机上绘制目的地后，选择"上传到鞋子"；然后通过直接插入鞋后部的 USB 线，将位置信息传输给"归家鞋子"。现在，拔下电缆，穿上鞋子，敲击脚后跟以激活 GPS，开始你的旅程。左鞋上的一圈迷你 LED 灯能够告诉你目的地的方向，而右侧鞋上的进度条指示你离目的地还有多远，如图 8-3 所示。

图 8-3："归家鞋子"的设计，LED 灯可以清楚地指示前进的方向和路程 (http://dominicwilcox.com/portfolio/gpsshoe/)

"导航外套"由澳大利亚公司 Wearable Experiments 创建，也使用内置的 GPS 系统，结合集成有震动触觉反馈的 LED 灯，引导佩戴者去往目的地。联合创始人 Billie Whitehouse 表示："我们正在将旅行的艺术转化为免提应用。"无需持有任何智能设备或用其他的方式查看地图，这件夹克就能把穿戴者带去目的地。与众不同的是，前进的方向被可视化在衣袖上。LED 灯展示了离下一个转弯的距离以及旅程的总进度。而振动装置则通过在佩戴者相应侧肩膀上的轻轻一拍，告诉他们什么时候应该向哪个方向转弯。

Nadi X 健身紧身裤是来自 Wearable Experiments 的最新项目，致力于纠正使用者在瑜伽练习中的动作。细小的电子元件被仔细编织在尼龙材料里，以保证没有线头或者其他东西从精密的织造中凸出；这种材料紧紧包裹在穿着者的臀部、膝盖和脚踝上。借助于附带的智能手机应用，这些电子元件彼此通信，共同检测佩戴者各个关节的相对位置，以帮助监视身体对齐、纠正动作，如图 8-4 所示。联合创始人 Ben Moir 在《These Vibrating Yoga Pants Will Correct Your Downward Dog》[6] 中说："这是一种面向身体的无线网络。紧身衣的每个部分都拥有一个运动传感器，它们确切地知道每一个关节的角度。"

图 8-4：Nadi X 紧身衣，只需要在 App 中选择相应的瑜伽动作，衣服就会用震动来帮助你矫正姿势。左图是可用的动作列表，右图为用户展示动作并作出说明："将你的左脚踝抬高一点，直到感觉到示意结束的震动为止。"（https://www.wearablex.com/products/nadi-x-pant?variant=37335539664）

像"导航外套"一样，Nadi X 利用轻巧的触觉振动来指导佩戴者。你只需要在应用程序中选择你想监视的瑜伽姿势，并允许形态纠即可正。当你开始瑜伽练习时，每进入一个姿势，传感器就会对身体的形态进行扫描并展示相关评估报告。例如，如果在 Warrior 姿势下，你的臀部向内旋转的角度太大，那么你会感到臀部有一个向外移动的振动信号，就像瑜伽教练的手正在指导你的动作一样。当一切都对齐在正确的位置时，Nadi X 紧身衣将会发出温柔的嗡嗡声。Moir 说："触觉最大的好处是你在潜意识里处理它们。使我们在做瑜伽的时候可以不必时时刻刻盯着屏幕把注意力放在屏幕上，或全神贯注于听取语音指导。"

Moire 和 Whitehouse 认为这项技术不仅仅能为瑜伽练习提供帮助，还可以为骑自行车、拳击和举重等各种体育运动设计动作矫正服装。在他们的设想中，终有一天，你的裤子可以告诉你什么时候应该离开你的办公桌活动一下，或你的衬衫可以提醒你坐直一点。Whitehouse 说："瑜伽只是我们的出发点。这项技术的应用无所不在。"

美国服装公司 Levi Strauss & Co. 已经与谷歌的先进技术和产品研究组（ATAP）合作，利用 Jacquard 技术（一种能够实现触摸交互功能的导电纤维）为消费者创造互动式服装。2017 年春季，"Levi's Commuter x Jacquard by Google Trucker Jacket"这一产品会在美国各城市推出，此后稍晚会在欧洲和亚洲公开发布，专门为城市中骑自行车上下班的人提供智能联系方式，而无需物理上接触到手机。通过轻拍、摩擦或握住左侧袖口，用户可以无线访问他们的智能手机以及喜爱的应用程序，包括调整音乐音量、更改音乐曲目、使电话静音、询问预计到达目的地的时间等；这些互动的细节让我们想起 Imaginary Phone，但这一项目并非基于手掌和裸露的皮肤，而是基于导电纺织品。 Levi Strauss & Co. 全球产品创新负责人 Paul Dillinger 表示："骑自行车的人都知道，在繁忙的城市街道上行驶时很难接触和浏览手机屏幕——那并不是一个好主意。这件外套有助于解决这个真实世界中的问题，成为你的生活中的'副驾驶'，不管是在自行车上，还是自行车下。"

每个用户都可以使用 Jacquard 平台附带的应用程序定制衣服的面料，以及激活所需功能的相关手势，并可以提前从给定的一系列选项中配置主要和次要用途。谷歌的 ATAP 技术项目负责人 Ivan Poupyrev 在《Project Jacquard: Google And Levi's Launch The First 'Smart' Jean Jacket For UrbanCyclists》[7] 中表示："我们不想定义什么功能是最重要的，所以我们给了用户各式各样的类别供选择。迄今为止，可穿戴设备只能做一件事，而在我们的设计中，这款夹克可以做任何你想让它做的事情。"

这款夹克的另一个创新之处在于它是在 Levi's 现有的工厂生产的；就像普通的 Levi's 外套一样，可交互面料可以在 Levi's 的织造机上进行生产。将技术整合到既有供应链中的能力使得生产能够规模化，而不是仅仅一次出产少量的产品。Poupyrev 说：

> 令科技公司大皱眉头的关键往往在这里，服装是由服装制造商制造的，而不是由消费电子公司制造的。因此，如果我们真的希望让技术成为世界上每一件服装的一部分，那么我们就必须使得诸如 Levi's 或任何其他品牌的服装制造商能够制造这些聪明的服装。这意味着你必须与他们的供应链展开合作。

Google 正在继续寻求与新合作伙伴的合作，并正在探索其他市场包括田径运动、企业定制服装和奢侈品营销等。Poupyrev 发现了跨越整个行业的机会，他相信，一旦产品推出，消费者会迅速陷入渴望和期待。他强调说："回溯整个服装发展的历史，你可以看到技术如何一步步卷入其中，为之增加新的功能，譬如尼龙和拉链在服装史上的地位。在这一点上，新技术成为未来服装流行的另一个要素是天经地义的事情。一旦智能面料推广到大众市场，它几乎就像是一款新的特权。世界各地的人们都会对此产生期待。"

当可穿戴设备成为我们日常生活的一部分时，我们将会拥有什么样的新礼仪和生活方式呢？作为一位设计师，Daan Roosegaarde 对这个问题进行了探索。Roosegaarde 将可穿戴式电脑视为身体机能的一部分，就像出汗或脸红一样。他提出了一款"亲密连衣裙"的概念，这款裙子由不透明的智能电子箔制成，在与关系密切的人展开亲密接触时，将会变得越来越透明。衣服透明度水平决定于佩戴者的心跳速度，也展现了社交关系的深度。例如，当你变得兴奋或受到刺激时，心跳将会加快，而服装变得更加透明。

Roosegarde 阐述了自己对这款可穿戴设备的设计：当某特定对象在场的时候，它会以相应的方式做出反应，而当其他人在场时，则采取中立的行为。他这样形容说："就像你跟男朋友会以特定的方式聊天一样，你和我谈话的方式也会不一样。虽然我们都讲同一种语言，我们都是人类，但是你的表达方式将全然不同。"

Roosegarde 还进一步提出了假设：让衣服提出建议。他以在线零售商亚马逊为例，当你购买一本书时，你可能想要购买的其他书籍是根据你的个人偏好以及你朋友的喜好来建议的。Roosegarde 的想法受第 7 章中描述的增强现实中认知计算的启发，你的个人助理将不再仅限于智能手机；相反，它是无所不在的，当然也可以存在于你的衣服里。

将技术嵌入体内

也许就在不久的将来，作为人体嵌入式系统（微型计算设备嵌入体内）的例子，在这里我们不妨认为：技术将成为："自然"，它将会成为我们生理上的一部分，并在物理上融入到我们的身体中，科技将会成为我们本身；科技与人类不再被分开，我们将成为增强人类。

响应式服装的下一步发展是将可穿戴设备嵌入我们的身体，将技术植入皮肤之下。譬如说通过耳朵，我们可以自然而然地把技术植入体内，用于增强听力。这也可能是第一个非侵入性的步骤，因为我们已经习惯于将耳塞、蓝牙无线耳机或者助听器之类的物品放入耳朵。

如第 4 章中所述，由 Valencell 的 PerformTek 生物识别传感器技术驱动的 iRiver ON Bluetooth 耳机配备了一个棋子大小的传感器，能够仅通过向耳朵里面投入一束光，就跟踪你的心率、燃烧的卡路里以及运动速度和距离。与智能手机上的应用程序配对之后，设备会在锻炼过程中捕捉到你的生物识别信息，在你耳边通知你的心率现在位于哪个区间，以及是否达到了卡路里燃烧目标。数据被实时发送到智能手机应用上，使你可以在运动之后查看相关的生理指标。

这种基于耳朵的小配件最大的好处是我们几乎看不见它们，这可能吸引那些不希望自己的设备引起别人注意的人。设计咨询公司Lunar 总裁 John Edson 指出："目前的发展趋势是技术隐形，而耳朵是隐藏电子产品的绝佳位置。"可穿戴相机公司 Looxcie 的创始人 Romulus Pereira 说："在生活中，我们经常需要用到双手。眼镜和手腕已成为探索可穿戴技术的最佳选择。而在这些可见装置的背后是许多我们看不见的东西。"而这些看不见的"东西"将随着传感器和处理器变得越来越小，从而离我们的身体越来越近，甚至嵌入在皮肤之下。

术语"打磨者"指的是"生物黑客"社区成员，他们正在探索使用外科植入物体进行感觉放大和增强。Richard Lee 是一位著名的打磨者，他解释说"打磨者"这个术语来自电子游戏。"在游戏中，打磨操作能够有条不紊地提高你的人物属性。在几个小时的打磨之后，你就可以获得相应的技能或能力提升。"他表示，"这个名字浑然天成，因为它就像是我们所采用的方法一样：不断地有条不紊地进行打磨，试图发现更多的东西。"[8]

Lee 正在试验手术植入耳机，试图在自己的耳朵里嵌入磁性扬声器。除了能够听音乐之外，Lee 告诉我们："手术植入的耳机才是真正的'入耳式'，借助智能手机上的 GPS 在城市街道上徒步旅行的同时，我可以用自己的眼睛看到一切。"[9]Lee 的身体上多了一个小小的疤痕，他的衬衫下面还隐藏着一个卷曲的项链——这些配置很难被其他人发现。Lee 将自己设计的线圈戴在脖子上，它能够创造一个磁场，使得嵌入在耳朵里的扬声器振动并发出声音。

Lee 的右眼正在逐渐失明。他计划将他的新系统连接到超声波测距仪上，以便能够听到"物体越来越近或越来越远的时候发出的嗡嗡声"，他希望自己的听力能够变得像蝙蝠一样。Lee 说："体内嵌入式系统将允许我们拥有许多'新的感官'。"[9]

他指出，"打磨者"界的大多数人以一种磁性手指植入物作为开始的仪式。"你在自己的指尖插入一个特殊的生物磁铁，神经能够围绕着磁铁重新生长。之后，每当你通过磁场时，磁铁会产生感应，让你感觉到磁场的存在。"他解释说，"一旦嵌入了磁性手指植入物，你就拥有了能够感受到磁场的能力；突然之间，你意识到还存在着一个看不到的世界，而你的一只脚已经踏入其中，拥有了感觉到那个世界的能力。"在下一段中，他进一步针对那些人类可能无法察觉或看到的频谱以及相关领域做出了评论：

> 如果我们能看到这些东西，而不是凭空想象，人类将会被增强到何种程度？当你看到某些东西时，你可以获得有关这些领域的直观知识。所以，感官的增强和扩展一直是我认为最重要的事情之一，如果能够增加你所能看到和体验到的，你对现实的洞察力就会自然而然地增加，你会对身边的这个世界究竟是什么样子有更深刻的感受。我想，这就是我们的最终追求。

FutureMed 的执行总监以及 Singularity 大学的医学和神经科学系主席 Daniel Kraft 博士，在《Hacking humans: Building a better you》[10] 中提出："我认为达到这个目的的一个步骤是通过'黑客'技术使残疾人变成超能力者。"

英国男子 Trevor Prideaux 在出生时就没有左前臂，他在自己的假肢上嵌入了一个智能手机链接系统，使得自己可以把胳膊放在耳朵上接听电话，如图 8-5 所示。现代的"增强医疗"技术发展有上升的趋势，Kraft 指出，"以下这些技术正在以指数爆炸的方式增长：小型设备、连接计算和大数据。"[10] 那么，以这些新的方式增强我们的身体，真的能够使我们获得超能力变成超人吗？

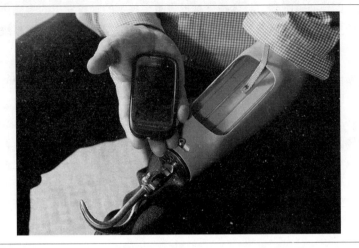

图 8-5：Trevor Prideaux 在自己的假肢上嵌入了电话（https://www.thesun.co.uk/archives/news/861375/man-has-phone-built-in-to-arm/）

杜克大学新闻与媒体研究系学生 Cassie Goldring 在《Man or Cyborg: Does Google Glass Mark the End of True Humanity？》[11] 中写了对技术增强人类这一领域的看法，与我不谋而合：

> 我们可以选择将这些技术进步视为对人类的最终威胁，或者也可以将它们看作是帮助我们变得更加人性化的手段。只要我们在技术进步中保持强大的人文视野，认为这些技术是我们的延伸，而不是相反，我们的人性就会永远占上风。

以人为本的体验是第二波增强现实技术的核心，这也包括同那些能够延伸我们自然能力的设备进行整合。我相信 Goldring 已经很好地总结了这些悬而未决的问题以及未来的各种可能，他说："我们不应该将诸如谷歌眼镜这样的设备看作是创造超人的一个令人绝望的实验，而应该将其视作能够激发我们作为人类的全部潜力的尝试，它们将会以新的方式连接我们，并最终使我们更深入地了解彼此。"

梦想成真

作为一套软硬件系统，人脑计算机接口（Brain Computer Interfaces，
BCI）可以让你用大脑直接控制计算机，这为我们提供了一种与周
围的世界进行连接和互动的新方式。开发 BCI 可穿戴设备的电子公
司 Emotiv 的创始人兼首席执行官 Tan Le 在 2010 年 TED 的演讲《A
headset that reads your brainwaves》[12] 中谈到：

> 我们的愿景是将这个全新的人机交互领域引入到当下的交互
> 方式中，使计算机不仅能够理解你想要让它做什么，而且还
> 能够对你的面部表情和情感体验做出反应。电脑能够直接解
> 释作为我们控制和体验中心的大脑自然产生的信号——还有
> 什么比这更好的交互方法吗？

在 TED 的舞台上，Le 展示了 Emotiv 设计的一系列能够改变生活的应
用，例如意念控制的电动轮椅。

仅仅通过大脑，BCI 就可以完成诸如单击图标、滚动菜单甚至输入文
本这一类鼠标和键盘的功能。BCI 已经普遍应用于医疗器械领域，但
随着可穿戴技术的普及，让 BCI 走入千家万户可能不会像我们想象的
那么遥远。像 Emotiv 和 Interaxon 这样的先锋公司已经将低成本的消
费级 BCI 耳机引入了市场，借助于 EEG（脑电图）传感器，它们可以
提供正念训练以提升冥想技能，或是在工作时帮我们集中注意力。

Interaxon 的创始人之一 Ariel Garten 在《Mind games》[13] 中表示："我
们最初的想法是：如何用自己的想法来控制世界？而现在，对我们来
说更重要的是拥有一个能够理解和适应你需求的世界。这可以帮助人
们更好地做自己想做的事情。"

Neuable 公司业务发展副总裁 Michael Thompson 认为，通过可以创造
直接扩展我们的大脑功能的计算机，BCI 能够从根本上重塑我们与个
人化技术的关系：

> 我们的愿景是创造一个没有限制的世界。对于 BCI 技术的传

统用户（严重残疾人）来说，这实际上意味着使他们能够像任何其他人一样，利用技术获得极大的利益。对于整个人类来说，这项技术也将带来一场想象力和创造力的革命，我们对此感到兴奋。

Neurable 公司正在设计能够用大脑控制增强现实和虚拟现实的软件。"AR 和 VR 耳机已经开创了新的领域，BCI 将会是转型技术的下一个革命性的里程碑。"Thompson 表示，"增强现实需要脑机接口来实现其全部潜力。为了解决'交互问题'，Neurable 提供了一个直观而自由的界面。"

戴着 Neurable 设计的 HoloLens，你可以用自己的思维"点击"主屏幕上的 YouTube 图标。YouTube 打开后，你可以继续输入想查找的视频的关键字。从搜索结果中，你可以选择自己想要的视频，点击播放，并在最后留下评论。你将只用自己的大脑来完成所有这一切，不碰到任何物理键盘，也不涉及任何手势操作。

为了达到这个目的，目前需要用户佩戴一个脑电图颅骨帽来与增强现实硬件（如 HoloLens）相结合。Neurable 提出了自己的观点：在不久的将来，AR 耳机制造商将开始在他们的耳机中嵌入脑电图传感器，硬件将被完全集成在一起，不再需要额外的颅骨帽。

Thompson 认为，现有的控制输入方式（诸如语音和手势）是远远不够的，可能会限制增强现实的发展。他说："在增强现实的企业级应用中，这种情况尤其明显。当声音或手势的操作效果不理想时，Neurable 可以结合 HoloLens 一起，实现对正在建设中的建筑蓝图的可视化。例如，当工作人员想要在增强现实应用程序中激活设计蓝图的电子滤波器时，可能由于施工噪声而难以使用语音命令，或者在操作机器和使用物理工具时，难以使用手势来控制。Neurable 提供了与增强现实进行交互的另一种方式，帮助解决了这个问题。

Neurable 背后的科学并不像"读心术"那么简单。Thompson 说，"没有人能够成功做到读心术"。Neurable 现在的实现方式是通过展示一个选项菜单，然后在其中找出用户想要选择的选项，用户的选择仅限于当前在屏幕上显示的内容。Thompson 解释说：

> 我们的特定脑波与视觉诱发电位（VEP）相关联。VEP 向用
> 户提供一个摆满了图标的屏幕——就像你的智能手机主屏幕
> 一样，上面有一堆应用程序。基于 VEP 的 BCI 能够迅速使
> 用视觉刺激产生相应的大脑反应。当你想要选择的图标被激
> 活时，你的大脑产生一个 VEP 脑电波。我们的系统检测到这
> 个信号，并将其与你想要选择的项目相匹配。

Thompson 也指出了如何将用户意图和预测分析这一重要组成部分纳入 Neurable。他说："这对平静技术十分重要，因为只有当我们相信它与之相关的时候，我们才能向人们提供相应的选择和信息。"Thompson提出，软件能够与生物识别技术相结合并做出响应，只展示最相关的信息，由此，一个人可以使用 BCI 来减少他的认知负荷。为了帮助实现这一点，芬兰的研究人员正在尝试将脑波分析作为内容组织策略的一种实现方法。

基于直接提取大脑信号的相关性，赫尔辛基信息技术研究所（HIIT）的研究人员已经成功展示了针对新信息的推荐能力。如图 8-6 所示，研究人员完成了一项研究，能够使用脑电图传感器来监测维基百科文章中人们阅读文本时的大脑信号，结合机器学习模型进行训练，对脑电图数据进行解读，并确定读者感兴趣的概念。使用这种技术，团队能够生成一个关键字列表，对参与者在阅读过程中认为重要的信息进行标记。这些信息可以用来对该参与者所感兴趣的其他维基百科文章进行预测，并推荐给他。将来，对于使用相应的增强现实设备的人，这样的 EEG 方法可用于帮助过滤社交媒体推送的信息，或者识别其感兴趣的内容等。

研究员 Tuukka Ruotsalo 说："有关脑机接口的大量研究表明，其主要工作领域是向计算机发出明确的命令。"[14] 例如，你想要控制房间的灯光，而且你希望为此制定一个明确的模式，于是，你可以尝试着明确地做某件事情，然后电脑可以尝试从你的大脑中读取它。

图 8-6：科学家们正在使用脑电图传感器来监测人们阅读文本时的大脑信号
（https://techcrunch.com/2016/12/14/researchers-use-machine-learning-to-pull-interest-signals-from-readers-brain-waves/）

Ruotsalo 说："在我们的案例中，一切都在自然的发展——你只需要像日常一样阅读，我们并没有告诉你，当你碰到一个感兴趣的词时，需要抬起自己的左臂或右臂。所以，从某种意义上说，这种互动纯粹是被动的。你只需要阅读，而电脑能够自动发现那些你感兴趣的事情，以及那些和你正在做的事情相关的词汇。"

将这个过程与 Neurable 结合起来，可以使 AR 在平静技术体验中更加隐形，用户可以像往常一样生活，而技术将会在后台触发相关内容。这项技术可以帮助最大限度地减少认知负担，尤其是对于那种可能会接触到大量信息的工作任务，用户往往需要记住多个事情。这样的系统可以用来为信息密集型任务标记重要性，并在稍后提醒你重新审视那些更有趣的事情。

"我们已经在数字世界中留下了各种痕迹。我们正在研究过去看过的文档，也许会粘贴一些数字内容，以便其能够自动记录下来，"Ruotsalo 说。"然后，我们表达了对不同服务的各种偏好，不管是通过评分，还是点击'喜欢'按钮。似乎现在都可以通过大脑阅读。"

Ruotsalo 同时指出，从一个人的头脑中获得兴趣信号所带来的潜在影响可能也是一个小小的不确定性，特别是在考虑如何根据用户兴趣调整营销信息的时候。他说："换句话说，针对性广告投放的字面意思是阅读你的意图，而不只是跟踪你的点击。"

Ruotsalo 希望这种技术也可以对其他领域产生积极影响。他认为："信息的检索或推荐是典型的过滤问题，对吗？所以，我们应该为信息提供过滤，最终只推荐那些有趣或者与之相关的信息给用户。我认为这是现在最大的问题之一，现有的大部分系统都只是试图向我们推送所有东西，包括那些可能并不需要的。"

我们引用了平静技术先驱者 Mark Weiser 的预言作为本章的开始。现在，让我们以他另一个预言来作为本章的结束："二十一世纪的稀缺资源不是技术，而是注意力。"随着新的技术正在不断增强我们的环境、身体和思想，如何把关注的重点放在对那些真正重要的事情上将成为关键，我希望平静技术的发展能够有助于实现集中注意力这一意图，而不是分散注意力或是将我们引入其他方向。我们设计技术，反过来，技术也会设计我们。我们设计的现实应该与人类的价值观相一致。现在比以往任何时候都值得提出这样一个问题，在这个新的增强世界中，我们想要以怎样的方式生活？

参考文献

[1] Calm Tech, Then and Now (*http://www.johnseelybrown.com/calmtech.pdf*).

[2] Ubiquitous Computing (*http://www.ubiq.com/hypertext/weiser/UbiHome.html*)

[3] Jakob Nielsen, "The Human Body as Touchscreen Replacement," (*http://bit.ly/2hrrK2r*) *Nielsen Norman Group*, July 22, 2013.

[4] Imaginary Phone (*https://hpi.de/baudisch/projects/imaginary-phone.html*)

[5] Roman Lissermann, Jochen Huber, Aristotelis Hadjakos, Suranga Nanayakkara, Max Mühlhäuser, "Ear-Put: Augmenting Ear-worn

Devices for Ear-based Interaction." (*https://youtu.be/DjoR929fODQ*)

[6]   Jessica Hullinger, "These Vibrating Yoga Pants Will Correct Your Downward Dog," (*http://bit.ly/2v2H7lj*) *Fast Company*, January15, 2016.

[7]   Rachel Arthur, "Project Jacquard: Google And Levi's Launch The First 'Smart' Jean Jacket For Urban Cyclists," (*http://bit.ly/2waDh9U*) *Forbes*, May 20, 2016.

[8]   Cyborg Series #3: Rich Lee is a Grinder (*http://www.notimpossible. com/blog/2015/6/14/cyborg-series-3-rich-lee-is-a-grinder*)

[9]   Leslie Katz, "Surgically implanted headphones are literally 'in-ear'," (*http://cnet.co/2vmlooe*) *CNET*, June 28, 2013.

[10]   Seth Rosenblatt, "Hacking humans: Building a better you," (*http:// cnet.co/2unEU1Q*) *CNET*, August 21, 2012.

[11]   Cassie Goldring, "Man or Cyborg: Does Google Glass Mark the End of True Humanity?" (*http://bit.ly/2v2WTww*) *Huffpost*, July 22, 2013.

[12]   Tan Le, "A headset that reads your brainwaves," (*http://bit.ly/2unwYxF*) *TED*, July 2010.

[13]   "Mind games," (*http://www.macleans.ca/economy/business/mind-games/*) *Macleans*, December 19, 2012.

[14]   Natasha Lomas, "Researchers use machine learning to pull interest signals from readers' brain waves," (*http://tcrn.ch/2u7O479*) *TechCrunch*, December 14, 2016.

第 9 章

机会爆炸

增强现实（AR）的第一波浪潮提出的主要问题是"我们能做到这一点吗？"。它主要关注的是技术，而不是内容或体验设计。

增强现实的第二波浪潮则提出了这样一个问题："现在我们已经知道了自己可以做到这一点，那么要如何使用这项技术呢？"现在，关注的重点已转移到如何使用技术为用户创造有意义的体验了。

随着增强现实的发展，技术的应用已经逐步成熟，AR 在提升体验上的实力已经有目共睹。本章中举了一些新的例子，也回顾了一些前面章节中曾经出现过的例子。在这里，我结合自己迄今为止在现场所经历的增强现实体验，把所有的案例分门别类进行了整理，总结出了艺术家和设计者们能够如何结合 AR 的发展，将其作为一个能够让人身临其境的体验媒介，为我们带来更多的可能和惊喜。

增强现实可视化体验

作为一种可视化体验，AR 技术让变形成为可能，使得物体的状态可以随着时间的变化而变化。这一类体验往往可以通过所在的上下文进行可视化，与现场环境无缝融合，从而为变形赋予更大的意义。

对未来世界的体验往往是增强现实技术应用的常客，然而，历史也可以在增强现实中被很好地展示，就像希腊奥林匹亚考古遗址的

Archeoguide 这类历史娱乐和文化遗产项目一样。通过 Archeoguide，历史纪念碑能够以可视化的形式为我们展示某个地方的历史景观。这类技术还可以为我们描绘未来的状态，例如建筑蓝图展示以及房地产可视化，为我们显示建筑物在特定位置建成之后的样子。

使用 AR 进行可视化这一技术领域也适用于零售和购物体验。当我们装修房屋时，可以使用 Pottery Barn AR 三维空间设计应用，在 Tango 手机上预览打算购买的家具，如图 9-1 所示。当我们想要尝试不同的化妆品时，可以使用店内的售货亭或智能手机，借助丝芙兰的虚拟艺术应用 Modiface 查看自己的妆容。我们甚至可以在智能手机上使用 AR 应用程序 InkHunter 预览纹身在自己身体上出现的样子。这些增强现实可视化技术能够很好地提升人们的购物体验，它们为我们提供了"试后再买"这一方案，大大减少了消费者后悔的可能。

图 9-1：在 Pottery Barn AR 应用中，用户可以在自己的房间中自由地拖动家具，实时查看摆放效果（https://www.youtube.com/watch?v=4r72wufx ihg&feature=youtu.be）

作为可视化体验，增强现实技术也可以应用于视觉困难、眼睛不适或者情况不允许的时候。我的 AR 立体书《Who's Afraid of Bugs ?》探讨了 AR 的另一种使用方式，即通过讲故事的方式来协助恐惧症的暴露治疗。整本书中从头到尾都会在用户手中投影出各种令人毛骨悚然的虫子，譬如虚拟狼蛛等。西班牙 Jaume 大学的研究人员在 AR 治疗蟑螂恐惧症方面的研究 [1] 已经表明，增强现实在暴露治疗中十分有效——所有参与者都有显著的改善。在《 TreatingCockroach Phobia With Augmented Reality》[1] 中，一开始研究对象对蟑螂的恐惧已经影响到了日常生活，此后逐渐好转，直到能够通过如下测试：首先步入房间，然后用容器捕获蟑螂，之后打开盖子，并将自己的手放入容器中至少几秒钟。

增强现实技术也可以用来启发和激励那些对健康有益的实践，观察我们的选择在未来可能产生的效果，并帮助可视化医疗手段的影响。Modiface 采用了与丝芙兰虚拟艺术应用相同的面部追踪和模拟技术，以帮助用户预览牙科和整容手术的可能结果，并与日本最大的保险公司 Dai-Ichi Life 合作设计了"健康促进"应用程序，能够借助 AR 技术拍摄人类衰老之后的照片，来模拟抗衰老举措和体重控制所带来的变化。

增强现实注释体验

例如文本或者像箭头和光标这类指示图形等额外信息常常能够结合增强现实技术用于指示物理对象和空间，在修理、协作、导航、探险和旅游等应用领域中起到很大作用。在经历某个事件或者穿过某个地点的时候，无论是在视觉线索方面，还是在语言导览方面，增强现实注释体验能够为我们带来更好的介绍和指导。

在维修和维护体验上，增强现实注释技术也已经被广泛应用，人们不再需要查阅纸质的手册。如图 9-2 所示，针对譬如更换打印机的碳粉盒这种任务，用户能够借助 AR 中逐步的三维直观指示，在现实中所看到的层面上对其进行修理。Scope AR 为此建立了内容分享平台 WorkLink，用于将传统纸质工作手册转换为 AR 注释指令。无需任何编程知识，人们就可以使用 WorkLink 编写和发布这些增强现实使用手册。

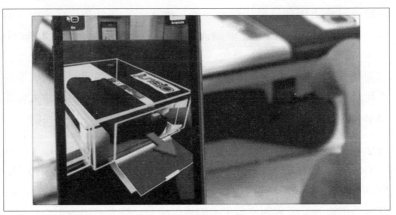

图 9-2：在更换打印机的碳粉盒这一任务中，增强现实技术能够实时地逐步提供三维指导（http://www.bbc.com/news/business-13262407）

作为典型的注释体验，增强现实技术也正以协作的方式被使用。Scope AR 设计的 Remote AR 软件（用于企业级的智能手机、平板电脑和 HoloLens 中）能够实时连接远程专家、在线工作人员、制造业工程师或现场服务技术人员，为人们提供围绕同一任务展开协作的机会。所有用户都能够直接操作增强现实中的事物，同时添加注释以锁定技术人员所看到的真实世界对象。

除此之外，微软的 Skype for HoloLens 也提供了免提的远程注释协作体验（见图 9-3），不仅限于企业用户，它还可以应用于居家维修和轻量级维护工作，如安装电灯开关和修理浴室水槽等。这类服务也有利于消费者服务和技术支持体验，消费者能够借此协助产品维护和调试。

增强现实注释技术也可用于导航，就像由 Tango 提供支持的家装店铺 Lowe 的室内导航应用程序 Lowe Vision 一样。该应用程序可帮助购物者对产品进行搜索，并借助 AR 在商店中找到它们。定向提示覆盖在现实世界中，引导顾客以最有效的路线在商店中找到想要的商品。这里，增强现实以一种动态寻路方式存在——人们能够在物理空间中定位自己，并从某处导航至另一处。

图 9-3：Skype for HoloLens 的远程协作体验，能够全方位地传输信息以进行图示和交流（https://www.youtube.com/watch?v=4QiGYtd3qNI&feature=youtu.be）

此外，这种技术也适用于旅游和探险，就像 Google Lens 一样，能够帮助我们确认和标记相应的旅游景点以及古迹，也包括博物馆和艺术画廊，在其中我们能够共享所有艺术品和工艺品的介绍。增强现实的注释体验不仅限于视觉，正如我们在 Detour 应用程序（参见第 4 章）中所看到的那样，用户还可以使用音频来标记自己的位置。增强现实技术提供了分享故事和信息的另一种方式，为我们带来了远超肉眼所能提供的信息。

增强实时翻译体验

增强实时翻译体验能够帮助用户更好地访问那些可能存在潜在沟通障碍的环境，为他们提供融入环境的可能。它主要包括书面翻译、口语翻译以及手语翻译。

谷歌翻译可以使用智能手机将印刷体文本（例如路牌或菜单）翻译成 37 种语言，当你前往一个不熟悉当地语言的国家时，这可能会特别有用。像 OrCam 这样的辅助设备能够使用 AR 技术来帮助视力受损的人与环境进行交互，主要功能包括为佩戴者读取印刷文本、识别物体，甚至识别已知人脸。这个领域的另一个应用是由加利福尼亚州创业公司 MotionSavvy 为听障人士设计的平板电脑机箱 UNI，它能够使用运动传感器和手势检测将手语转换为音频，然后转换为文本。增强现实辅助技术拥有着令人难以置信的潜力和机会，能够赋予每个人相应的能力，让更多人拥有更加美好的生活。

增强现实魔法体验

所有 AR 体验都天生拥有一种能够让人惊叹的魔力。当增强现实为我们带来更多惊喜的同时，也会激发我们的好奇心，让我们开始玩耍和探索。Niantic 推出的基于位置的 AR 游戏《Pokémon Go》已经风靡全球，成为了一种现象级的体验，在这款游戏中，玩家能够在物理世界中对周围的环境进行探索，并在此过程中捕捉神奇生物并对其进行训练（见图 9-4）。AR 为我们带来的魔法体验并不仅限于游戏，还包括一系列教育领域的案例，例如 Daqri 设计的木块元素周期表，能够很好地激发学习兴趣。每个木块表面都描绘着代表不同元素的化学符号，当你把两个元素块放在一起时，就有相应的化学反应以增强现实的方式被神奇地描绘出来，如图 9-5 所示。

图 9-4：借助《Pokémon Go》App，你可以在现实环境中捕捉神奇生物
(https://itunes.apple.com/us/app/pokemon-go/id1094591345?mt=8)

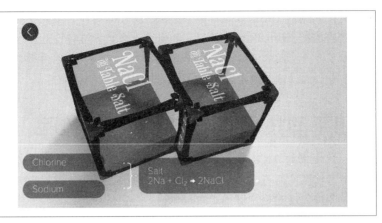

图 9-5：Daqri 设计的木块元素周期表，将钠元素和氯元素放在一起会发生神奇的反应，变成氯化钠（https://itunes.apple.com/us/app/elements-4d-by-daqri/id782713582）

这个类别还包含了超现实主义的元素，如 AR 书籍和艺术品，包括 Camille Scherrer 于 2009 年发表的《Souvenirs du monde des montagnes》以及位于法国 Scène Nationale Albi 的艺术品《Mirages and Miracles》，这些都为我们带来了在现实中从未见过的富有想象力的梦幻景色。这也再次提醒我们，增强现实作为一项充满魔力的体验，并不需要局限于在对现实的完美再现上。它能够扩展我们的想象力，协助我们进行创造性的尝试，而不需要局限于现实世界中的规则。

增强现实多感官体验

现实世界中不仅仅包括视觉体验。譬如 Adrian Cheok 的数字味觉交互、Ultrahaptics 的触摸技术、Doppler Lab 的 Here One 增强音频耳塞、oNotes 的数字嗅觉设备等一系列的产品和原型都告诉我们：增强现实中的其他感官体验非常重要，不应该也不能被放弃。多感官增强现实体验可以通过激活其他感官来提供更深的沉浸感。

并非世界上的每个人都能够拥有视觉能力，把 AR 扩展到人类的其他感官将为我们带来巨大的收益。访问协助设计这一概念对每个人都会带来潜在影响，而不仅仅是针对某个被边缘化的群体，正如在第 4 章中提到的那样，Bill Buxton 针对"如何为大多数人进行设计"这一领域提出了令人感动的见解："如果你能够理解高度特殊的用户需求并对此作出专业的设计，通常最终能够得到造福所有人的结果。"

使用平静技术的增强现实引导体验

这与上文提到的 AR 体验类别（注释体验）完全不同，因为它除了在视野中直接以文本方式进行解释之外，也将触觉或其他微妙的身体暗示融入环境，以对用户进行无微不至的关心和指导。如我们在第 8 章中看到的那样，体验范围从基于位置的引导场景（将你带到想要的目的地，譬如那双能够带你回家的 GPS 球鞋）到健身和健康指导（譬如 Nadi X 健身紧身衣）。

平静技术的目的是帮助人们集中注意力，技术只在需要的时候出现，以尽量减少对用户的干扰，从而使其可以专注于正在进行的各种活动。随着技术的发展，我们已经看到了这个研究领域的爆发式增长，嵌入智能的服装将会被越来越多的人穿在身上。随着我们在增强现实中的设计经验不断发展，人们已经形成了不要让用户认知过载的共识，设计师们正致力于让用户的注意力回归现实世界中。

增强现实沟通体验

为了使 AR 真正成为大众化的媒体，它所提供的交流方式必须是多用户的和双向的。这需要与远程投影、实时协作和远距离通信一起使用，就像我们在第 6 章中所讨论的那样。与 AR 体验类别（翻译体验）不同，这种体验的重点并不是翻译。

作为沟通体验的 AR 为我们提供了远程协作进行设计的能力。加拿大娱乐公司 Cirque du Soleil 作为全球最大的剧场制作公司，已经开始与 HoloLens 展开了针对设计舞台布景和节目策划编排的合作，如图 9-6 所示。在使用 HoloLens 之前，他们的大部分时间都花费在蒙特利尔的 Cirque 工作室里策划展览。Cirque du Soleil 的创作总监 Chantal Tremblay 表示："通常情况下，必须等到完成剧本和选角之后，艺术家们才会来到蒙特利尔。但现在我们甚至可以一边看着角色的演出，一边随时做出改变。"[2]

图 9-6：利用微软的 HoloLens，Cirque du Soleil 创造了"真实"的舞台效果（https://www.youtube.com/watch?v=vNz5Rw6TwCw）

使用增强现实技术来跨越国界进行沟通和协作十分重要，特别是在健康方面，它有可能改变人们的生活，甚至挽救生命。Proximie 的 AR 平台已经从手术应用领域切入市场，与世界各地的医疗资源不足和外科知识不发达的地区（特别是在战争和灾难地区）进行合作并分享专业知识。Proximie 允许远程专家拥有直接的交互式操作体验，而不需要物理上出现在现场。借助于 Proximie 平台，无论是在平板电脑、计算机还是移动设备上，用户都可以登录并与相应手术团队进行合作，包括外科医生和主刀医师等。Proximie 与 Global Smile Foundation、Facing the World、EsSalud Hospital Trujillo、Peru Cleft Program 和 Al Awda Hospital、Gaza 合作，帮助外科医生挽救那些原本无法获得专业手术的病人的生命。

增强现实也为我们提供了一种方法，使得位于不同地方的家庭成员能够聚集在一起共享特定的体验，以弥合物理上的距离带来的鸿沟——

借助这一技术，我们能够一起聚集在"这里"。例如 Holoportation，利用三维采集技术使用户的高质量 3D 模型能够传播到任何一个地方，譬如一位父亲能够使用 HoloLens 远程和他的女儿一起做游戏。这一类系统改变了我们创建、存储、分享和重温记忆的方式，让我们能够记录和回放宝贵的共享记忆增强体验。正如第 7 章中所讨论的那样，个性化的虚拟化身甚至有一天会成为我们的分身，记住我们是谁，并代表我们永恒地存在下去。

增强现实超人体验

增强现实技术可用来挖掘人们未曾体验的全新感知频谱，为我们带来超越自然的人类能力。这包括 X 光视觉（HoloLens 公司的 HoloAnatomy 与凯斯西储大学合作设计）、热学视觉（Daqri 的热成像仪）、电磁场感应（皮下嵌入式"研磨机"[3]，由 Liat Clark 开发），我们甚至将拥有创造全新感官的能力。正如第 3 章中所言，神经科学家 David Eagleman 针对感官替代展开了一系列研究，能够通过不寻常的感觉通道将信息输入大脑。

增强现实实时测量

增强现实技术可用于测量物理对象的尺寸，或是采集生物数据以分析身体的反应。这个领域的案例包括由 Tango 提供支持的 Lowe Vision 应用，该应用程序使用 AR 来测量环境中的物体和空间，以帮助进行硬装修和软装饰。这种增强现实测量体验也可扩展到人类的身体，由实时生物特征（例如压力水平、佩戴者的心率、排汗量、脑电波活动和其他身体信号）触发增强现实交互。

微软的压力传感专利"AR 助手"提出了这样一种可能：可能有一天，无需任何询问，HoloLens 就能够为你提供帮助，通过头戴式显示器呈现有用的内容。例如，用户因为会议可能迟到而感到紧张，而相应的软件可以通过交叉检查日历来确认会议的时间和地点。基于此，"AR 助手"专利将自动建议智能设备展示一张地图，显示通往会议地点的最快路线。

包括 Muse 耳机在内的其他设备能够实时监视和测量你的大脑活动，帮助进行冥想来促进放松。随着跟踪和监控身体性能的设备开始与 AR 硬件和软件相关联，增强现实体验可以变得更加个性化，结合我们目前的状态和所在的环境，不管是在工作场所或是在家中，都可以带来相应好处。

增强现实高度个性化的可定制体验

增强现实能够基于用户的需求和背景创建个性化的现实，用户可以定义独一无二的、属于自己的体验。在高度个性化的增强现实体验这一类别中，你是增强世界的主人，拥有定义它的权利。实时测量经验为此提供一种实现方式：生物测定。这一领域的其他例子包括多普勒实验室推出的 Here One 增强音频耳塞，你可以自行设置你的个人音频空间体验，比如在飞机上、在餐厅里或者在音乐会上；也包括像 Valentin Heun 推出的"现实编辑器"这样的应用程序，用户能够按照自己希望的方式连接和操作物理对象，赋予它们特定的功能，如图 9-7 所示。现在，你可以创造属于自己的现实。

图 9-7：用户可以在"现实编辑器"中选择自己想要的食品类型，将手机镜头对准货架，自己想要的食品就能被快速选出（http://realityeditor.org/）

艺术家与奇迹

作为一种新的体验媒介，增强现实能够持续发展的要素之一是不要将这种责任以及它所带来的乐趣局限于计算机科学家和工程师身上。艺术家和工程师 Golan Levin 指出，很早之前艺术家们就对当今的许多技术进行了原型设计。为了在未来跃上一个新的台阶，Levin 认为寻找使用新技术的艺术家至关重要。

在《New Media Artworks: Prequels to Everyday Life》[4] 中，Levin 写道："一次偶然的机会，我成为了新媒体艺术的代表，并越来越多地发现自己能够指出当今最普遍和广受赞誉的技术是如何构思的，以及在多年前它们是如何由新媒体艺术家进行原型设计的。"作为例子，Levin 引用了谷歌街景和谷歌地球，如图 9-8 所示。

图 9-8：Art+Com Terravision 和谷歌地球的比较，前者于 1996 年设计，而后者则诞生于 2001 年（http://www.flong.com/blog/2009/new-media-artworks-prequels-to-everyday-life/）

艺术家 Michael Naimark 发表于 1978 年至 1980 年的《Aspen Movie Map》中提到的核心思想，便是让用户能够通过交互式的方式对科罗拉多州阿斯本的全景街道进行浏览和探索；而在四十年后的 2007 年，谷歌闻名于世的街景视图服务中才真正提供了这项功能。1996 年，由德国新媒体艺术家和技术专家组成的 Art+Com 设计了 Terravision——一款基于卫星图像、航拍数据、高度数据和建筑数据的网络虚拟地球展示，用户可以无缝地在地球表面进行探索，可以从太空中俯瞰地球，也可以欣赏到地面上的物体和建筑物的细节。而 Google Earth，这一款"让你在地球上的任何地方掠过，看到相应的卫星图像、地图、地形地貌、三维建筑等，从外太空星系一路走到地球上海洋和峡谷"的应用，最初名为地球观测器，由 Keyhole Inc. 创建于 2001 年（这家公司于 2004 年被谷歌收购）。Terravision 和 Google Earth 之间的一个显著区别是 Google Earth 集成了用户生成的地图注释，允许用户保存和分享他们最喜欢的地方。Levin 写道：

> 在某些情况下，我们可以找到一款拥有某个人原创艺术理念的风格明确的代表作，提前几十年发布到世界上——这一创造在当时看上去是毫无用处或不切实际的，甚至可能不被大众所接受。然而，在复杂的链式影响之后，这一设计被重新解释，并被计算机的迅速发展所吸收，作为日常用品，甚至成为文化的一部分。

正如施乐 PARC、麻省理工学院媒体实验室、雅达利研究实验室所展示的那样，Levin 强调了艺术家作为必不可少的一部分在研究新技术中的重要性。他指出，艺术家常常能够提出一个全新的问题，打破人们的思维定式。Levin 认为，在飞奔向未来的路上，我们需要艺术家的帮助，一起探索技术所能带来的社会影响以及体验上的各种可能。他同时指出，艺术设计或是投机实验常常是技术实现必不可少的开始。

在增强现实这类新兴技术发展的早期阶段，艺术家扮演的角色比人们想象的更重要，艺术领域的探索不仅可以像 Levin 所观察到的那样指导普通技术的发展，而且对于帮助理解社会和文化的进步或是新兴技术的影响也非常有价值。

我相信艺术家将会承担起奇迹经营者的角色。他们是神奇的织布工，能够将日常生活中的各个部分织就非凡的现实和未来。作为发布者、通讯者和翻译者，他们能够帮助我们用新的眼光看待世界。艺术家这一角色擅长观察和共情，能够将自己的感受和发现反馈到世界中，为我们呈现另一种去存在、去感受、去听和去看的方式。对我来说，这是创新的定义，也是在增强现实领域中展开艺术探索的另一个理由。

我希望增强现实能够为我们带来更神奇的体验，以新的方式扩展我们的想象力，激发世界和人类向积极的方向变化。为了达到这个目的，我们可以将增强现实作为强大的可视化媒介来展开设计。"看到"那些尚未成真的现实可以激起我们对新可能的渴望、欢迎和庆祝，反过来使我们的意识向更好的人性进化，启发人类进行改变，从而使更多人从中受益。让我们把它作为我们共同的目标和承诺——为了最好的技术和最好的人性而设计。

参考文献

[1]　Cristina Botella, Juani Bretón-López, Soledad Quero, Rosa Baños, Azucena García-Palacios, "Treating Cockroach Phobia With Augmented Reality," (*http://www.ncbi.nlm.nih.gov/pubmed/20569788*) *Behavior Therapy*, 41 no. 3 (2010): 401-413.

[2]　Sean O'Kane, "Cirque du Soleil will use HoloLens to design sets and plan shows," (*http://bit.ly/2vmlSxo*) *The Verge*, May 11, 2017.

[3]　Liat Clark, "Magnet-implanting DIY biohackers pave the way for mainstream adoption," (*http://www.wired.co.uk/article-diy-biohacking*) *Wired*, September4, 2012.

[4]　" New Media Artworks: Prequels to Everyday Life," (*http://www.flong.com/blog/2009/new-media-artworks-prequels-to-everyday-life/*) July 19, 2009.

推荐阅读

奇点临近

畅销书《The Age of Spiritual Machines》作者又一力作

《纽约时报》评选的"2005年度博客谈论最多的图书"之一

2005年CBS News评选的畅销书

2005年美国最畅销非小说类图书

2005年亚马逊最佳科学图书

比尔·盖茨、比尔·乔伊等鼎力推荐

一部预测人工智能和科技未来的奇书

"阅读本书，你将惊叹于人类发展进程中下一个意义深远的飞跃，它从根本上改变了人类的生活、工作以及感知世界的方式。库兹韦尔的奇点是一个壮举，以不可思议的想象力和雄辩论述了即将发生的颠覆性事件，它将像电和计算机一样从根本上改变我们的观念。"

—— 迪安·卡门，物理学家

"本书对科技发展持乐观的态度，值得阅读并引人深思。对于那些像我这样对"承诺与风险的平衡"这一问题的看法与库兹韦尔不同的人来说，本书进一步明确了需要通过对话的方式来解决由于科技加速发展而引发的诸多问题。"

—— 比尔·乔伊，SUN公司创始人，前首席科学家

增强现实：技术、应用和人体因素

作者：Steve Aukstakalnis ISBN：978-7-111-58168-0 定价：79.00元

美国国家科学基金会AR/VR技术资深专家亲笔撰写，美国国家航空航天局喷气推进实验室高级技术主管Victor Luo作序推荐，Amzon全五星评价

从介绍视觉、听觉和触觉的机制开始，深入浅出地讲解各种实现技术，以及AR/VR技术在游戏、建筑、医疗、航空航天和教育等领域的应用，是学习AR/VR的必读之作

我们已经使用过本书里讨论到的很多技术，并为即将到来的更多新技术感到兴奋……

让本书成为帮助大家理解和拓宽增强现实与虚拟现实领域的指南，因为AR技术已经如同电视机和互联网一样无处不在……

—— 维克多·罗 美国国家航空航天局喷气推进实验室软件系统工程学高级技术主管